JAバンク管理者の心得

現場営業力強化をめざして

村上泰人 著
YASUTO MURAKAMI

経済法令研究会

は　し　が　き

　ＪＡグループを取り巻く経営環境は金融・農業ともに大変厳しく、ＪＡ経営は正念場を迎えています。

　第27回ＪＡ全国大会において「創造的自己改革への挑戦」そして農業所得の増大と地域の活性化に全力を尽くすことを決議し、改正農協法とともに新しいスタートを切りました。

　一方、信用事業においては、平成23年度より金融庁検査が導入され、これまで以上に質的経営改新が求められるようになりました。

　さらに、金融環境はきわめて厳しく、金融機関との競争は当然のことながら、ＪＰバンク・ノンバンクとの競争激化にどう生き残ることができるか、その現場力・営業力が試されています。現状の経済状況においては、従来のように本店の資金運用力で利益を出すことは限界があります。これからは営業店収益重視の経営戦略が求められており、その現場力・営業力の決め手は、店舗管理者のマネジメント能力です。しかしながら、この環境下における店舗経営において、さまざまなしがらみの中での現場力・営業力強化ということで、事業総利益目標達成への自信を失っている管理者が多いのではないでしょうか。しかし、管理者は、自信を持ち、勇気をもってその任務を遂行する必要があります。

　目標達成のためには、難易度の高い新しい経営戦略ではなく、金融機関として当たり前のことを当たり前にやるしかありません。現場主義を貫くしかないのです。

　その当たり前のこと、管理者のあるべき姿をまとめたのが、本書です。執筆にあたっては、ＪＡはじめ金融機関・流通業界の多くの管理者の方

との出会いを通じて得た生の声や行動を参考に、成功事例を中心に、体系的にまとめました。本書が管理者の皆様にとって、よき行動指針になれば幸いです。

　これをベースに、さらに上級管理者として、ＪＡの経営基盤確立にその使命・役割を発揮されることを熱望いたします。

　なお、本書の出版にあたり、㈱経済法令研究会の出版事業部・営業部のスタッフの皆様に御指導・御支援をいただいたことに、心から感謝申し上げます。

　　2013年8月　　　　　　　　　　　　　　　　　　村上　泰人

目　　次

プロローグ　部下を動かす管理者マインド

1	管理者としてのマインドの育成	1
2	管理者とは	1
3	管理者に期待される心がまえ	2
1	部下の心を動かす3つのフィロソフィ	2
2	人間の指導者であること	2

1　管理者に求められる意識改革・行動改革

1	過去の成功体験が意識改革を妨げる	4
1	上司が変わらねば、部下は変わらない	5
2	「前例がない、だからやる」の精神	5
3	窮すれば即ち変ず、変ずれば即ち通ず	5
2	時代変化と意識改革	5
1	制度改革と規制緩和にいかに対応するか	6
2	高度情報化社会にいかに対応するか	7
3	経営・経済の構造改革への対応	8
4	貯金者・消費者変化への対応	10
3	管理者に求められる意識改革のポイント	12
1	目標達成意識の強化	12
2	原価意識の強化〜時間管理の強化〜	13

| 3 | 改善意識の強化 | 13 |
| 4 | ＪＡリエンジニアリング～業務の根本的革新～ | 14 |

④ ＪＡバンク戦略ドメイン（生存領域）が必要　15
1	なぜ戦略ドメインなのか	15
2	戦略ドメインの基本	16
3	ＪＡバンクは年金バンク・シニアバンク	17

⑤ 管理者のマーケティング・マネジメント能力　18
| 1 | マーケティングの基本的な考え方 | 18 |
| 2 | ＪＡマーケティングをいかにマネジメントするか | 20 |

2 期待される管理者の使命と役割

① 改革期における管理者の使命　23
1	管理者は経営理念・方針を実現する使命がある	23
2	ＪＡは組合員・地域への奉仕団体である	24
3	次代をつなぐＪＡの役割・機能強化を図る	25

② 営業店管理者の4大職務　26
1	業績管理	26
2	事務管理	27
3	情報管理	28
4	部下管理	29

③ 管理者の資質と条件　30
1	店舗戦略のための管理者の資質	30
2	部下の成長を阻む管理者のパターン	31
3	部下の力を最大限に引き出すコンセンサス能力のアップグレード	32
4	よりよいリーダーシップ発揮のために	34

④ コンプライアンス経営とリスク管理能力　35

1	コンプライアンス経営の条件は社会性と経済性の両立である	35
2	コンプライアンスは経営管理システムである	36
3	事業別コンプライアンス	38
4	信用事業におけるリスク管理の強化	39

5 金融検査マニュアルと金融庁検査対応力 … 40

1	系統金融検査の基本的考え方	41
2	管理者としての検査マニュアル対応のポイント	41
3	検査庁検査の導入	42

3 現場・営業力強化と新推進体制

1 今なぜ営業力強化なのか … 49

1	ＪＡ経営の基本と現状	49
2	営業力なくして総利益なし	50
3	営業力強化のしくみづくりと人づくり	51

2 新推進体制の確立 … 52

1	新渉外体制の構築	52
2	レースの時代からゲームの時代へ～チーム力の強化～	53
3	３Ｋ推進からデータベースの提案型推進活動へ	54
4	インテリジェントサムライバンクへ	55
5	組合員食いつぶし型推進から客づくり・第二世代開拓強化へ	55
6	店舗推進体制の確立	56
7	狩猟型から農耕型推進活動へ	56

3 純増管理と満期管理の強化 … 57

1	純増目標必達の管理体制	57
2	満期管理の進め方	59
3	満期管理の指導強化（定期積金編）～満期管理表・満期到来一覧表の完全活用～	60

4	定期貯金満期管理の指導のポイント	63

4 営業力強化のための管理者営業活動指針 64
1 日常業務中の営業活動 64
2 重要顧客への対応 65
3 定期貯金・定期積金の解約（満期・中解）への対応 65
4 退職者・退職金・厚生年金アプローチ 66
5 年金アプローチ 66
6 給振アプローチ 66
7 住宅ローン実行先フォロー管理 66

5 業績を上げる管理者、下げる管理者 66

6 いかにしてライバル金融機関に勝つか 68
1 銀行、信金も怖くない 69
2 求められる地域密着、生活密着活動 70

4 支店経営のための収益管理

1 今なぜ収益管理なのか 72
1 収益管理は職員を幸せにするプログラム 73
2 営業店は利益を創出する職場である 74

2 店舗別収益管理の基本 75
1 収益管理手法の基本 75
2 店舗別収益管理するための世帯別収益管理 77
3 店舗別収益管理の進め方 78

3 店舗別収益管理のための事例研究 79

4 資金量増強戦略 82
1 部下指導による人的能力のアップ 82
2 店舗内回転率のアップ 83

5 利ざやアップ戦略 83

1	運用利回り・貸出レートアップ作戦	83
2	調達利回り・貯金レートダウン作戦	84

⑥ 事業管理費ダウン戦略 …………………………………… 84

1	経費節減作戦	84
2	経費有効活用作戦	85

⑦ 役務収益・手数料収入増強戦略 …………………………… 85

1	手数料収入の総チェック	85
2	ＪＡカードのロイヤリティ・手数料収入目標設定	85

⑧ 収益管理のための体制づくり ……………………………… 86

1	収益を重視しながら業績拡大を図る	86
2	部下育成・人づくり対策の強化	86
3	店舗・人間・組織・事務の効率化	86
4	時間管理の基本	87

5 収益増強の商品戦略

① 商品戦略の重要性 …………………………………………… 89

1	顧客ニーズの多様化	89
2	顧客意識の２極分化	91

② 定積再強化と部下指導 ……………………………………… 91

1	定期積金の重要性の徹底	92
2	定期積金の基本的な考え方	94
3	新規アプローチの基本	94
4	継続アプローチの基本	95
5	定期・預かり資産振替へのアプローチポイント	96
6	中途解約のポイント	98

③ 定期貯金増強とメイン化戦略 ……………………………… 99

1	定期性貯金メイン化	99

2	ボーナス定期化の推進ポイント	99
3	家計メイン化ランクアップ目標の設定	101

4 セカンドライフメイン化のための年金戦略 ... 102
1	年金戦略のねらいは経営基盤の強化	102
2	アプローチに際しての留意点	102
3	年金アプローチのポイント	104
4	ファイナルステージはセカンドライフ・シニアライフメイン化戦略	105

5 ローン戦略と部下指導 ... 106
1	ローンセールスの指導ステップ	106
2	商品別アプローチポイント	109

6 機能性商品戦略と当座性メイン化戦略 ... 112
1	受取機能のメイン化〜お金が入るしくみづくり〜	113
2	決済機能のメイン化〜お金が出るしくみ〜	113
3	ＪＡカードによるメイン化	114
4	貸出機能によるメイン化	114

6 地域密着強化戦略と顧客管理

1 地域密着経営強化の再認識 ... 116
1	店舗統廃合によるエリア拡大	117
2	職員削減によるふれあい活動の減少	117
3	組合員構成の変化による協同組合意識の低下	117

2 地域密着4指標 ... 117
1	取引定着度〜ＪＡバンク顧客管理基盤の拡大の重要性〜	118
2	取引深耕度〜生活メイン化戦略の強化〜	119
3	取引活発度〜利用率アップ〜	119
4	取引成長度〜地域別貯金・貸出増加率の増強〜	120

3 エリアマネジメント ……………………………………… 120
1 　JAにとっての地域の定義 ………………………………… 121
2 　地域管理のしかた …………………………………………… 123

4 自店内地域分析 ……………………………………………… 126
1 　分析の基本 …………………………………………………… 126
2 　地域分析の事例研究 ………………………………………… 127

5 顧客情報管理の強化 ………………………………………… 130
1 　顧客管理の重要性 …………………………………………… 130
2 　顧客管理に期待すること …………………………………… 131
3 　世帯状況表の活用 …………………………………………… 132
4 　情報の管理と活用方法 ……………………………………… 133
5 　顧客関係性管理で地域・顧客密着型経営へ ……………… 135

7 JAらしさの店舗戦略

1 JA店舗経営とその意義 …………………………………… 137
1 　JA店舗の現状と課題 ……………………………………… 137
2 　JA店舗の位置づけ ………………………………………… 138
3 　地域における店舗の役割 …………………………………… 139

2 JA店舗マーケティング戦略 ……………………………… 140
1 　店舗戦略の重要性 …………………………………………… 140
2 　求められる店舗のアイデンティティ ……………………… 141
3 　店舗マーケティング機能 …………………………………… 143

3 店頭・ロビー戦略と管理 …………………………………… 144
1 　親しみやすい店舗とレイアウト …………………………… 144
2 　JAバンク未来型店舗のロビー機能 ……………………… 147
3 　店頭戦略成功のカギ ………………………………………… 149

4 来店客増強とCS戦略 ……………………………………… 150

| 1 | 店頭戦略の診断分析 | 150 |
| 2 | 来店客のためのＣＳ戦略 | 152 |

8 店舗経営のための目標管理

1 目標管理の重要性 …… 155
1 なぜ目標管理が必要か …… 155
2 目標による管理とは …… 156
3 メンタルヘルス重視のプロセス管理 …… 158

2 目標管理のサイクル …… 159
1 ＰＤＣＡサイクルの基本 …… 159
2 目標管理の原点は１日のＰＤＣＡにあり …… 164

3 正しい目標の条件 …… 165
1 目標は自らが設定すること …… 165
2 目標は具体的行動目標であること …… 166
3 目標は支店の問題解決と連動し体系化されていること …… 166
4 目標は変化とバラエティに富んでいること …… 168
5 全力を結集し絶えず努力しないと達成できないような目標であること …… 168

4 日報管理の基本 …… 169
1 なぜ日報を書きたがらないか …… 169
2 日報管理の目的 …… 170

5 目標による管理強化のためのコミュニケーションポイント …… 172
1 指示命令のあいまいさをなくす …… 172
2 正しく報告を受ける …… 173

9 部下指導育成の基本

1 正しい指示命令の出し方と育成方法 …………………… 175
1 目的や期限を明確にする ………………………………… 176
2 指示を出したら援助の姿勢を忘れない ………………… 176
3 部下の経験・能力に応じた配慮をする ………………… 176
4 まず手本を示してモラールアップさせる ……………… 177
5 報告を徹底させアドバイスでフォローする …………… 177
6 結果はきちんと評価して次のＰＬＡＮに活かす ……… 178

2 正しい注意の仕方で部下は成長する ………………… 178
1 部下の立場に立って場所と機会を選ぶ ………………… 179
2 自分から気づくきっかけを与える ……………………… 179
3 具体的事実を確かめ簡潔・明瞭に ……………………… 180
4 部下のいい分を十分に聞いて解決策を共に考える …… 180
5 よい点をほめてこそ成果も上がる ……………………… 181

3 求められるコーチングスキル …………………………… 181
1 ＯＪＴ・Off ＪＴ・ＳＤの人材育成サイクル ………… 182
2 ビジネスコーチングの基本 ……………………………… 184
3 コーチングのステップ …………………………………… 185
4 コーチングのスキル ……………………………………… 186

4 渉外担当者の指導育成 …………………………………… 188
1 管理者が期待する渉外係とは …………………………… 188
2 渉外担当者の３大使命～渉外活動の原点～ …………… 189
3 渉外担当者の主な担当業務 ……………………………… 191
4 渉外担当者の指導育成目標 ……………………………… 192
5 渉外担当者の指導育成ステップ ………………………… 193

5 窓口担当者の育成方法 …………………………………… 194

xiii

1	女性職員の戦力化	194
2	女性職員の指導育成	195
3	女性職員のやる気を引き出す10か条	196
4	女性職員との信頼関係をつくりだす10か条	197
5	窓口担当者の指導育成ステップ	198

エピローグ　ＪＡバンク管理者としての能力開発

1 管理者の自己啓発とは ……… 199
2 地域社会に生きるための能力開発 ……… 199

1	健康という資産	200
2	時間という資産	200
3	能力という資産	200
4	人間関係という資産	201
5	経済という資産	201

◆資　料◆

- 窓口担当者チェックリスト ……… 204
- 渉外担当者チェックリスト ……… 211
- 管理者自己チェックリスト ……… 217

<管理者十訓>

1. 組織を活性化しようと思ったら、その職場で困っていることを、1つずつつぶしていけばよい。人間は、本来浮かび上がろうと努力しているものだから、頭の上でつかえているものを取り除いてやれば自ずと浮上するものだ。
2. 職位とは仕事のための呼称であり、役割分担を明確にするためにあるものだと考えれば、管理とは何かがきちんと出てくる。
3. 「前例がない」「だからやる」のが管理職ではないか。
4. 部下の管理はやさしい。むしろ、上級者を管理することに意を用いるべきである。
5. リーダーシップとは部下を管理することではない。発想を豊かに持ち、部下の能力を存分に引き出すことである。
6. 「YES」は部下だけで返事をしてもよいが、「NO」の返事を顧客に出す時は、上司として知っていなければいけない。
7. 人間を個人として認めれば、若い社員が喜んで働ける環境が自ずとできてくる。
8. 若い人はわれわれ自身の鏡であり、若い人がもし動かないならば、それはわれわれが悪いからだと思わなければいけない。
9. 若い人の話を聞くには、喜んで批判を受ける器量が必要である。
10. 結局、職場とは人間としての切磋琢磨の場であり、錬成のための道場である。

(元アサヒビール社長・樋口廣太郎氏の「管理者に贈る言葉」より一部修正)

プロローグ　部下を動かす管理者マインド

プロローグ 部下を動かす管理者マインド

1　管理者としてのマインドの育成

　企業組織における管理者には共通した大事な任務があります。それは組織で決定された基本方針に則って、自分が任されている部門・店舗・チームの行動目標と計画を立て、それを部下に明確に割り当て実行させ、また、管理しながら行動目標と計画がスムーズに達成されるような職場環境をつくることです。

　さらに、仕事の経過や結果を部下に報告させ、評価し、次の仕事へレベルアップさせることが必要です。なぜ必要となるのかといえば、部下を指導・育成して部下の能力を向上させることで組織全体の能力を高めることができるからです。

　管理者としてのスキルも重要ですが、まず、そのマインドの養成に努めていただきたいと思います。

2　管理者とは

管理者とは、以下のことをなす人をいいます。
① 部下の努力と協力で仕事を成し遂げる人である
　いかにして部下の努力と協力を引き出すことができるか、これが管理者の役割です。

1

②　職場風土の改革者である

いかにして職場によい風を吹かすことができるか、これも管理者の役割です。

　③　自分の意思で部下を動かして実現する人である。

管理者は、自分の考え方、方針を明確にしなければなりません。

　④　管理者は「エライ人」でなく「ツライ人」である

管理者は、役員からも部下からも厳しい目で見られます。その期待にいかに応えるかが大事です。

　⑤　管理者は難易度の高い仕事に取り組む人である

管理者には、業務に対する質と量が求めれ、それに対するスピーディ、かつ的確な判断力が不可欠です。

3　管理者に期待される心がまえ

1　部下の心を動かす3つのフィロソフィ

部下の心を動かすには、以下の3つが必要です。
　①　ミッション……理念・使命感を持ち、業務遂行すること
　②　パッション……何事にも情熱を持ち、業務遂行すること
　③　アクション……管理者自ら行動力を持ち、業務遂行すること

2　人間の指導者であること

管理者である前に、人間の指導者であるべきです。そのために、以下のことを心がけていく必要があります。
　①　自分のしたくないことを人に求めたりしない
　②　人に教えることは自分も率先して実行する
　③　人の進歩を喜んで助けてやる
　④　自分の行いについてはもちろん、部下の行いに対しても責任を持

つ
⑤　部下に対して公平で正直であること
⑥　常に遠い将来と目の前のこと、全体と部分を考えている
⑦　個人に真面目な関心を持ち、親切で礼儀正しい
⑧　正しいと信じたことはあくまでも人をかばう

　管理者としての心がまえを確立し、人間としての指導者をめざさないと部下からは尊敬されません。

　管理者は、経営者代理業であり、部下代理業ではありません。

　また、店舗長は単なる管理者ではありません。店舗経営者であるという自覚を持つべきであり、そのためには、経営管理能力の開発が急務です。

　管理者として、どのようなマインドを持ち、どのように部下と接するか。その立場を充分に理解したうえで、店舗経営管理の基本についてKnow Why学習をベースにしたKnow How学習を中心に、9つのテーマによりそのポイントを提案します。

1 管理者に求められる意識改革・行動改革

　経営環境が劇的に変化する時、環境変化に対応する経営戦略を展開するためには、まず、管理者が意識改革を行うことが重要です。

「管理者の意識改革なくして行動改革なし。行動改革なくして業績改革なし」

　経営基盤確立のためには、意識改革が急務です。経営環境が刻々と変化する時、現状維持の発想は後退を意味します。

　意識改革はいかにして取り組むべきでしょうか。養老孟司先生いわく、「"バカの壁"をつくってはならない」ということです。自分に興味のないことや自分の知りたくないことに情報を遮断してしまう壁のことを「バカの壁」といいます。

　この壁が、意識改革を阻害し、進歩を阻むのです。まず、意識改革のための心がまえが求められます。

1　過去の成功体験が意識改革を妨げる

　管理者は、長きにわたる業務活動により、今日のJA基盤を構築したという自負があると思います。だからといって、従来のビジネスモデルを全肯定するわけにはいきません。なぜなら、環境があまりにも変わり過ぎたため、右肩上がりの時代の経験が通じなくなったのです。

　過去の成功体験は一度捨て、そのうえで、ゼロベースでこれから何をすべきか、部下とともに考えてみましょう。

1　上司が変わらねば、部下は変わらない

　激動期においては、過去の成功体験は無用です。「失敗は成功の母」といいますが、現在においては「成功は失敗の母」となりかねません。
　過去の成功体験が保守化・固定観念となって、改革を妨げることになります。時代は刻一刻と変わっています。管理者にとって、「昔は」とか、「若い時は」などという発言は禁物です。過去の成功体験を語るのではなく、部下の力をどう引き出すか、どう協力を得られるかを部下とともに考えることが重要です。管理者が変わらなければ、部下も変わらないのです。

2　「前例がない、だからやる」の精神

　前例に従って業務遂行することは、誰でもできます。「前例がない、だからやめる」というのでは、進歩はありません。改革もありません。
　前例が通じない時代です。前例のないことをやる発想と勇気が必要です。

3　窮すれば則ち変ず、変ずれば則ち通ず

　故事にあるように、窮すれば通じるのですが、それは本当に窮したときには人間が変わるからです。人間が変われば、必ず新しい展望を開くことができるということです。まず、管理者自身の意識改革・行動改革をめざしましょう。それによって、変化に対応できれば、ＪＡはさらに素晴らしい組織になることは間違いありません。

2　時代変化と意識改革

　意識改革は、経営者から求められて行うものではありません。ＪＡ苦戦の主原因は、時代の変化に対応できていないことにあります。他業界から"ＪＡよ、茹でガエルになるな"というあまり有難くない激励をも

らうことがあります。これは、ＪＡが時代に対応できていない現実を指しているのです。じっとしていると、今に茹上がってしまうという警告です。

常に時代変化を確認するために、管理者はその情報源（新聞・雑誌・ＴＶ etc）を持ち、ソーシャルウォッチングをすることが大切です。新聞は、経済新聞・金融新聞・流通新聞を中心とすべきです。農業新聞だけでは時代変化を確認することは無理であると思われます。

ＴＶにおいても各局参考になる教養番組も多くあります。管理者たる者、経営戦略の番組は必見です。部下にも同様に新聞に目を通させ、毎朝礼において、時代の変化を確認するためにも、交代で３分間スピーチを行うと効果的でしょう。

以下に、時代変化を４分類して、意識改革の視点を整理してみます。

1　制度改革と規制緩和にいかに対応するか

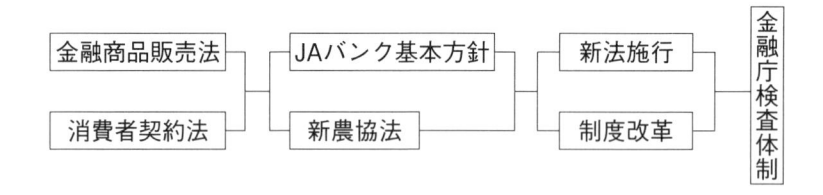

```
金融商品販売法 ─┐  ┌─ JAバンク基本方針 ─┐  ┌─ 新法施行 ─┐  金
                ├──┤                      ├──┤            ├─ 融
消費者契約法   ─┘  └─ 新農協法           ─┘  └─ 制度改革 ─┘  庁
                                                              検
                                                              査
                                                              体
                                                              制
```

私たちを取り巻く環境は、激変し、規制緩和は進んでいます。ＪＡには時代対応のための意識改革・行動改革が求められています。法改正にも対応できず、機能強化が図れないときは、ＪＡ無用論も出てきかねません。私たちのまわりでは、かつてさまざま法改正がなされたにもかかわらず、その意味も理解することなく、意識改革が充分でなかったように思われます。しかし、時代は待ってはくれません。

古くは新食糧法の施行に始まり、新農業基本法はじめさまざまな農協の改革が求められました。いわゆる推進改革二法といわれた金融商品販売法・消費者契約法は、一斉推進の終えんであろうと思われましたが、

推進改革はあまり進展しませんでした。

さらに、ＪＡ改革二法といわれたＪＡバンク基本方針や新農協法により、新時代の経営戦略の方向性が示され、その後も各種新法が施行され、制度改革がなされました。法改正は、ＪＡの業務モデルを改革せよというサインです。特に推進モデルは改革が求められています。そして、いよいよ金融庁検査の導入です。今が、ＪＡグループが意識改革をするラストチャンスなのかもしれません。

まず、制度改革を正しく理解し、部下に徹底させることが重要です。自分流は改め、ＪＡバンク基本方針を遵守することにより、「金融庁検査導入は信用事業が銀行業務になるチャンス」ととらえるべきです。金融も農業も、ＪＡはあらゆる事業が規制緩和にさらされていますが、競争激化の時代をどう生き残るか、そのパワーが求められているのです。

2　高度情報化社会にいかに対応するか

ＳＮＳ（ソーシャルネットワークサービス）時代により、情報提供技術が進化し、高度化しています。そして、金融情報をより速く、より正確に収集・提供するため、インターネット等の活用により、大量の情報を、より速く収集・提供することが常識になりました。

そこで、高度情報化時代対応のために管理者にとって重要なポイントがあります。

(1) 管理者に求められる情報リテラシー

情報リテラシーとは、情報を正しく理解しそれを活用する能力のことです。ＳＮＳ時代において、管理者が情報リテラシーをレベルアップさせ、リーダーシップを発揮することが求められます。

以下に、情報リテラシーのための３条件を挙げます。

① パソコン操作をはじめとするＳＮＳツール活用のスキルアップ
② 正しい情報を判断し活用する能力

情報収集のためにネット検索を活用することもありますが、ネット情

報は不正確な情報も多く、いいかげんな情報もあります。管理者には、何が正しいのか判断・理解する力が要求されます。

③ 多くの情報源を持つ

情報ネットワークとしてのＳＮＳツールはもちろん、新聞・雑誌・ＴＶ等、その他業界レポート、そしてセミナー・研修も大切です。何より、情報提供してくれるパートナーヒューマンネットワークのレベルが情報リテラシーを左右します。

(2) **人間性の発揮**〜ＪＡバンクはヒューマンバンク〜

人間は、パソコンの業務処理能力の正確性・迅速性にはとても及びませんが、パソコンは指示されたことしかしません。その点、指示待ち人間では、パソコン以下です。ＡＴＭ、カーナビも音声メッセージを発します。しかし、それは、冷たく、味気ないものです。

パソコン等ＯＡ機器にはない人間性が発揮されなければ、職員として失格です。

パソコンに使われることなく使いこなし、より人間味あふれる経営活動を行うことが必要です。ＩＴも重要ですが、それ以上に、ＨＴ（ヒューマンテクノロジー）重視の戦略が必要ではないでしょうか。

人間力を発揮できる部下を、いかに育成できるかがポイントです。

3　経営・経済の構造改革への対応

今、経営構造・経済構造改革がテンポアップし、その対応戦略が急務になっています。なぜ構造変化が起きているのか、その理由は明確です。

(1) **少子化による人口減少時代の対応**

出生率の低下により、日本は歴史上はじめて人口減少時代に入りました。人口減により、あらゆる市場はダウンサイジングが進んでいます。市場規模拡大の時代の戦略から、市場規模縮小の時代の戦力が求められています。

その中で、いかに勝ち残れるか、ライバルを倒すかという戦略が必要

です。農畜産物もいかにして産地間競争に勝つか、ＪＡ独自のブランド戦略が重要になってきます。

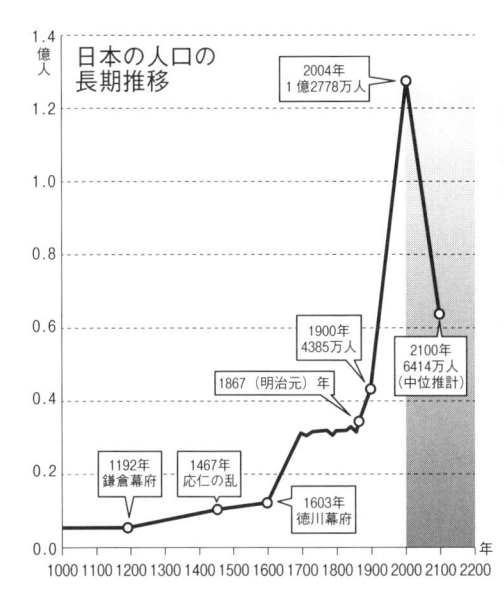

日本の人口の長期推移

グラフ内の注記：
- 2004年 1億2778万人
- 1900年 4385万人
- 1867（明治元）年
- 2100年 6414万人（中位推計）
- 1192年 鎌倉幕府
- 1467年 応仁の乱
- 1603年 徳川幕府

1872年以前は、鬼頭宏「人口から読む日本の歴史」講談社（2000年）、森田健三「人口増加の分析」日本評論社（1944年）による。1872年から2004年までは総務省統計局「国勢調査」、「10月1日現在推計人口」による。2005年以降は国立社会保障・人口問題研究所「日本の将来推計人口（2002年1月推計）」。推計値のうち、2051年から2100年までは参考推計。人口は千の位を四捨五入

（出所）読売新聞2007年1月1日掲載資料をもとに作成

(2) 高齢化時代への対応

市場全体は縮小するものの、高齢化市場は拡大しています。高齢化が進展し、65才以上人口の比率が、平成23年現在ではすでに23％。団塊世代も年金市場に突入し、中高年市場戦略の質が決め手になりました。

次世代対策がきわめて重要であり、その客づくり、客つなぎ、メイン化が求められます。特に退職金・年金市場においては、他金融機関に圧勝しなければなりません。また、他事業においてもシニア市場はビックビジネスチャンスでもあります。

(3) グローバルスタンダードへの対応

今や日本経済は世界経済連動システムの中にあり、企業経営も国際競争にいかに勝ち残れるかという正念場を迎えています。そのための経営構造改革であり、経済構造改革です。もはや、改革への抵抗勢力は排除されなければなりません。

高齢化の推移と将来推計

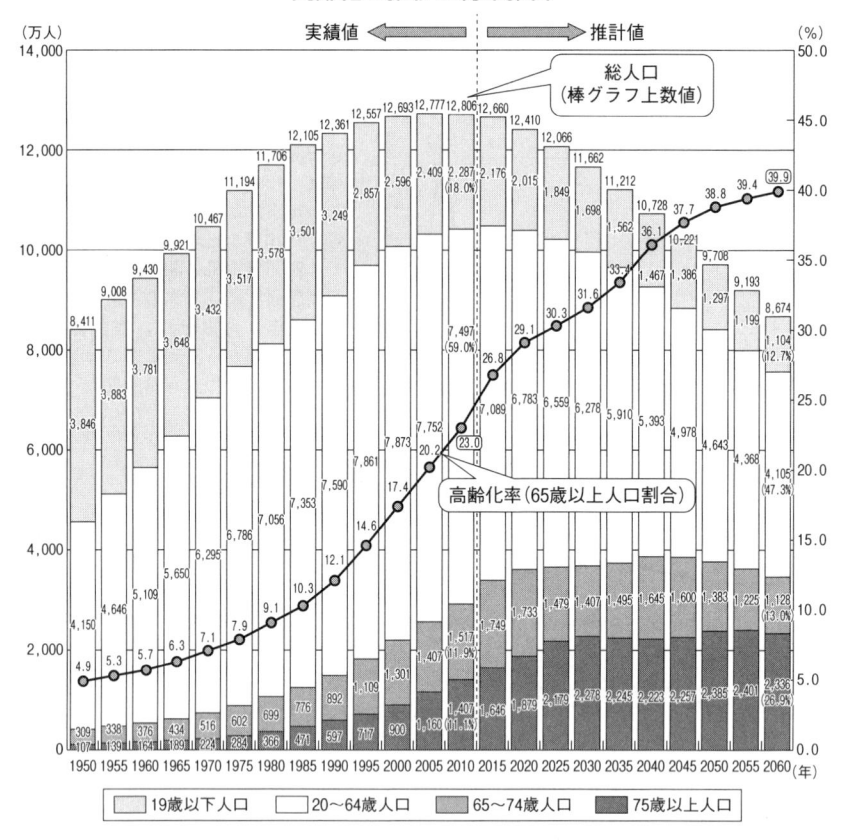

(出所：総務省データ)

4　貯金者・消費者変化への対応

　日本は、物のない「欠乏の時代」を経て、電化製品をはじめとする耐久消費財・あらゆる商品が、各家庭に普及する「普及の時代」を迎えて、高度成長を遂げました。この時の需要は「ない（ZERO）」ものが「ある（HAVE）」ようになるということで、「普及率需要」といわれています。また、その種の商品なら何でも売れたことから「品種需要」といわ

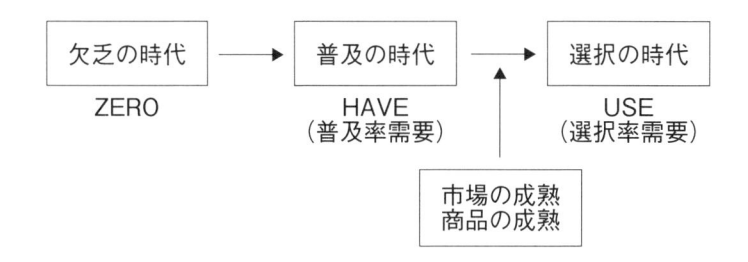

```
欠乏の時代    →    普及の時代    →    選択の時代
  ZERO           HAVE              USE
              （普及率需要）      （選択率需要）
                      ↑
                  市場の成熟
                  商品の成熟
```

れ、誰でも推進できたことから、ＪＡ独特の一斉推進方式が大きな成果を上げました。

　しかし、普及率が高まるにつれ、市場には商品があふれてきました。成熟期を迎えて、経験を積んだ消費者の鋭い選択がはじまり、「選択の時代」を迎えました。この需要を「選択率需要」と呼んでいますが、どんなに物が売れても普及率は高まらないのです。すでに持っている人が、よりよいものを買っているにすぎず、細分化された「品番需要」でもあり、もう「品種需要」は消えて、「品番需要」が生まれたのです。

　貯蓄市場もまったく同様です。1世帯当たり平均貯金額は1300万円を超え、金融新時代の到来により、貯金商品に対するきわめて鋭い需要が生まれました。貯蓄イコール貯金という時代は終わり、ＪＡバンクは、多様化した貯蓄市場に対応しなければならなくなりました。

　組合員・地域住民が金融機関を選択する時代であり、ＪＡは必ず選ばれなければなりません。その条件は、①職員が複合専門能力を保有していること、②商品開発を行い豊富な品揃えをすることです

　現在の成功ビジネスモデルは、コンビニ・ユニクロはじめこの条件を満たした企業です。ＪＡも地域の生活コンビニエンスストア、金融コンビニエンスストアとしての店舗づくりが求められます。

　時代変化を、制度改革・高度情報化社会・経営経済構造改革・消費者の変化と大分類しましたが、この時代変化を部下とともに常に理解し、タイムリーな戦略展開と新時代に通用する部下の育成に努めていただきたいと思います。

3 管理者に求められる意識改革のポイント

　収益増強のためにライバル金融機関に勝つためには、単なる貯金残高・貸出残高という量の価値観だけでなく、質を重視した業績拡大をめざさなければなりません。そのために、部下に対してどのような意識改革を求めるべきか、そのポイントを検討してみましょう。

1　目標達成意識の強化

　目標を達成するためには、目標必達へのマインドが求められ、それには次の2つの要素があります。

(1) 定量的目標達成意識の強化

　これは計数目標であり、管理者は当然この意識は高いはずです。また、部下もその意識はあると思われます。ＪＡによっては共済事業目標至上主義というところもありますが、どの事業も重要であり、どの事業を優先すべきかではなく、すべての事業目標を達成するというバランスが必要です。バランスがくずれると、経営基盤は弱体化します。

(2) 定性的目標達成意識の徹底

　これは非計数目標であり、理念でもあります。

　ＪＡグループには、この目標を何が何でも必達しようという強い意志が見受けられません。だから質的改善がなされないと思います。たとえば、ＪＡには重要な実現すべきＪＡ綱領がありますが、この目標達成意識はきわめて低いと思われます。何百回唱和しても実現しません。強い達成意識を持ち、行動を起こすべきです。

　管理者は、各ＪＡの今年の基本目標・方針を部下に徹底できたでしょうか。これを部下とともに達成しなければなりません。質と量の目標が達成できなければ、ＪＡは豊かになれません。

　定性的・質的目標必達の職場風土の改革が求められます。管理者は、

定性的目標達成の強い意志が必要です。

2　原価意識の強化〜時間管理の強化〜

　これは、管理者として最も意識強化を図らねばならないテーマです。

　経営原価のウエイトが高いものは、もちろん人件費です。したがって、管理者は部下の人件費以上に事業総利益が出るよう、指導しなければなりません。そうしなければ、赤字職員の増大に陥ります。ただ、人件費削減が経営管理のすべてではありません。

　ポイントは、人件費は目に見えないコストとして時間に現れるということです。すなわち、管理者は目に見えないコストを見る眼を持たなければなりません。時間管理の強化が必要です。

　職場の回転率を上げ、人時生産性（職員が一定時間当たりに上げるべき総利益）を追求することで、赤字職員を原価職員へ、そして収益に貢献する職員へと育成する必要があります。

　部下に業務指示をするときは、必ず時間の見積り書をとること、すなわち、納期期限の確認をすることが重要です。また、明確に日時の指定を行うことです。基本は、より速くより正確にです。

　渉外担当者であれば、訪問順路を効率よく決定し、一件でも多く訪問するよう指導をすべきです。窓口担当者においては、より多くの来店者をすばやくさばく能力の育成指導が求められます。

3　改善意識の強化

　変化のない時代は、管理者にとって現状維持をすることがすべてであり、したがって、現状維持のことを管理といいました。だから、ある一定の年齢に達すると、誰でも管理者に昇格できました。

　激動期においては、現状打破の能力が求められます。現状打破とは、改革・改善を指します。

　上級管理者に昇格する条件は、いかに改善能力を保有しているかであ

り、それが試されています。もはや現状維持は後退であり、現状否定の精神を持ち、ハイレベルの改善意識が必要になります。部下にも業務の改善工夫を求めなければなりません。

4　ＪＡリエンジニアリング〜業務の根本的革新〜

リエンジニアリングは、マサチューセッツ工科大学のマイケル・ハマー教授が提案した分業体制を否定した改革方法です。ＪＡは、リストラクチャリング方式でなく、このリエンジニアリング方式を選択すべきでしょう。

そのポイントは3つあります。

(1)　**分業体制の限界⇒三型からＥ型体制へ**

ＪＡ内部は、信用・共済・営農とタテ割の三型体制であり、総合事業のメリットが成果として現れにくい体質があります。ＪＡは、全国連の下請企業ではありません。地域に根ざした組合員をベースにしたＪＡ経営という主体性が重要になります。

管理者による統合的店舗戦略が求められますが、そのためには、タテ割の三型から三位一体の統合的なＥ型体制確立のために管理者が果たす役割がタテの棒であり、連携プレーによりタテ割の弊害を排除しなければなりません。

管理者は、渉外・窓口・融資というＥ型体制で相乗効果を出さなければなりません。総合事業のメリット・相乗効果を出す使命が管理者にはあるのです。

(2)　**顧客本位の志向**

すべては顧客のために、先にその効果を追求し、後で効率を検討することが重要です。効果効率主義による組織改革が原則であり、効率至上主義は業績ダウンにつながります。組合員・顧客第一主義で業務を再編成することです。

(3) 情報基盤の活用

情報を集める・貯める・活用する情報管理体制の確立は急務であり、そしてそれは一元管理する体制を意味しています。

「情報基盤の活用なくして経営改革なし」

いかにして情報管理システムを構築するかがキーワードになります。管理者の意識改革なくして、部下の意識改革はありません。

4　ＪＡバンク戦略ドメイン（生存領域）が必要

管理者が行うべき意識改革の中でも重要なテーマに戦略があります。右肩上がりの時代が終わり、自由競争の中、自己責任において生き残るべき戦略を選択しなければならなくなりました。従来であれば、ＪＡバンクも他の金融機関の戦略に追随し、模倣するだけで充分でした。しかし、普及の時代は終わり、市場は成熟し選択の時代へ突入した現在、預貯金者の鋭い選択に耐え、いかに業績向上をめざしていくかという戦略が重要になります。ライバルをどう倒すか、競争激化の時代をどう生き残れるか、どの方向を選択するのか、それが戦略ドメインです。

そのためには、ＪＡの個性・独自性を発揮することが求められます。従来の伝統的推進戦略だけでは、他の金融機関との厳しいサバイバル競争に勝ち残れません。

1　なぜ戦略ドメインなのか

厳しい規制がかけられていた時代の保護政策＝護送輸送船団方式が金融ビッグバンにより終えんし、自由競争原理が導入されました。その結果、自己責任においてＪＡバンクとして勝ち残り戦略を展開する必要に迫られたわけです。

ＪＡバンクは、①どのような顧客に奉仕をし、②どのようなニーズに奉仕をし、③どのような強みで奉仕をするか、の明確な戦略が求められ

ます。

　ＪＡの独自能力を分析し、どのような顧客に的をしぼり、どのようなテーマ・機能で勝負するか、勝つ分野を明確にすることが最重要です。

2　戦略ドメインの基本

　量的な経営資源の大小、質的な経営資源の高低を考えると、以下の経営資源のポジションが明確になります。

(1) 経営資源の量・質ともハイレベルである

　これは、リーダー（横綱型）の位置になります。ＪＡバンクの県域で考えると有力地銀がこのポジションであると思われます。

(2) 経営資源の量はリーダー並みであるが、質は相対的に低い

　これは、チャレンジャー（三役型）であり、ＪＡバンクはこのポジションであるケースが多いと思います。

(3) 経営資源は小さいが、非常に高い技を持っている

　これは、ニッチャー（三賞候補）であり、第二地銀や有力信金のポジションです。

(4) 経営資源の量・質ともに低いのはフォロワー（下位力士）である

　これは、小規模な信金、信用組合のポジションになります。

経営資源による競争対応の基本

		量			
		大		小	
質	高	リーダー 横綱型	全方位戦略	ニッチャー 三賞候補型	集中化戦略
	低	チャレンジャー 三役型	差別化戦略	フォロワー 下位力士型	模倣戦略

出所：統合マーケテイング（嶋口充輝著）

ＪＡバンクが勝ち抜いていくためには、自らの位置を正確に分析し、市場目標を設定し、戦略展開するための定石と原則があります。

　有力地銀はリーダー・横綱として全方位戦略を基本戦略とし、全勝めざして戦います。

　ＪＡバンクはチャレンジャー・三役ですから、横綱とは違った差別化戦略を選択し、この地域、この商品、これだけはぜったい負けないというドメイン（生存領域）を構築しなければなりません。

　明らかな事実は、ＪＡバンクは横綱ではありません。15戦全勝をめざさなくとも、10勝5敗でも充分です。

　重要なことは、どの市場でどのような顧客で10勝するかを考え、部下を動かすことです。ＪＡバンクは、下位力士ではないので、8勝では不充分、常に10勝以上する戦略を選択し、そのパワーとスキルを指導強化しなければならないわけです。

3　ＪＡバンクは年金バンク・シニアバンク

　ＪＡバンクのドメインは、当然のことながら、農業分野・組合員市場・中高年市場において、圧倒的優位を構築しなければなりません。ＪＡの独自能力は、トレンディなハイテクノロジーではなく、"やさしさ"、"あたたかさ"、"ぬくもり"、"ふれあい"、"親しみ"、"面倒見のよさ"などにあり、他の金融機関にはない個性的なキーワードがあるはずです。

　このキーワードを受け入れ、期待する顧客層がいます。それが組合員を中心とする中高年市場です。ＪＡバンクは、地域においてシニア市場・中高年市場から圧倒的支持を勝ち取らなければなりません。この市場で勝たなければ、勝ち目はありません。

　ＪＡバンクは、地域において中高年市場から信頼される絆づくりをめざし、この市場だけは絶対に他の金融機関に負けてはならないという管理者の強い信念が必要です。

5　管理者のマーケティング・マネジメント能力

　厳しい競争に勝ち残るためにはどうすべきか、戦略ドメインを明確にするにはどのような能力が必要か、金融新時代をＪＡらしく生き残るためにはどうしたらよいのか。それは激変する環境に競合金融機関よりもうまく適応することです。このような環境適応は、冷静に知恵を働かせて合理的に地域環境の変化に反応することにより可能になります。
　市場環境の変化に科学的・合理的に適応する経営活動こそが「マーケティング」です。これは、多様化し変化し続ける市場への対応のため、組合員・地域住民への対応のための必須の戦略システムです。

1　マーケティングの基本的な考え方

　マーケティングとは何か、さまざまな定義がありますが、代表的な例を挙げてみます。
　①　市場に対する需要創造活動である
　②　商品およびサービスを生産者から消費者まで導く過程にかかわるすべての経営活動である
　③　個人または企業の目的を満足させるような戦略商品およびサービスを計画しそれを達成する手順である
　④　顧客がその商品を効果的に得られるようにする活動である
　⑤　ドラッガーいわく「究極の目的はセリングを不必要にすることである」
　⑥　フィリップ・コトラーいわく「いかに市場を創造し、攻略し、支配するかである」
　いずれの考え方も、原点は消費者・顧客ベースにあり、顧客目線の戦略が基本になります。
　マーケティングは、販売志向の考え方でなく顧客志向の考え方です。

いつまでも"売らんかな"の一方的な押しつけや、自分のノルマ達成のための販売志向では組合員・顧客に見離されてしまいます。販売志向の目的は売上実現による利益獲得ですが、顧客志向の目的は顧客の欲求を実現させる顧客満足（ＣＳ）活動による業績拡大なのです。

顧客志向は短期目標にすぎず、さらに私たちは、地域社会に貢献するという社会志向マーケティングをめざさなければなりません。

短期目標としての顧客志向、長期目標としての社会志向、そして存立条件としての適正な利益、このバランスがマーケティング戦略のめざすべき方向性です。

マーケティングの基本

	販売志向（セールス） →	顧客志向（マーケティング）
起点	売りたいと思う商品があること	顧客の欲求があること
手段	販売促進活動	商品・価格・流通・販売促進のあらゆる戦略活動の投入
目的	売上実現による利益の獲得	顧客満足による利益の獲得

ＪＡマーケティングとは、「組合員や地域社会のニーズを把握し、それに対応する商品・機能・サービスを提供するために総合事業戦略を計画し、その目標を達成する手順であり新時代に合った新しいＪＡ利用を創造する活動である」と定義づけることができるのです。

社会志向マーケティングの考え方

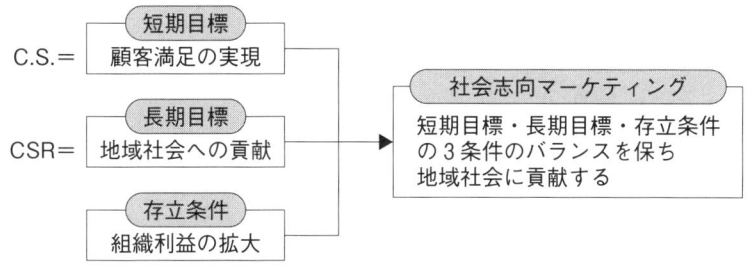

C.S.＝ 短期目標　顧客満足の実現

CSR＝ 長期目標　地域社会への貢献

存立条件　組織利益の拡大

→ 社会志向マーケティング
短期目標・長期目標・存立条件の３条件のバランスを保ち地域社会に貢献する

2　ＪＡマーケティングをいかにマネジメントするか

　経営学者のドラッカーは、マーケティングのねらいはセリングを不要にすることであると断言しています。よい商品を開発し需要創造を行えば、自然に商品は売れ、推進活動はサポートシステムになります。

　また、古くは近江商人たちの商人道にマーケティングの原点を見ることができます。それは、「三方良し」といわれ、①売り手良し、②買い手良し＝ＣＳ、③世間良し＝ＣＳＲであり、これぞ真のマーケティングマインドです。日本古来の商人道に学ぶべき原点があります。

　管理者自らがマーケティングマインドを持ち、その知恵と行動を部下に徹底しなければなりません。そして管理者はその戦略を統制し、マネジメントしなければ成果は上がりません。

(1)　管理者は各事業の統合化を図らなければならない

　ＪＡは総合事業であり、事業の相対的バランスをとり、各事業部門の諸活動を最も適した形に組み合わせ、最大限の相乗効果を上げなければなりません。

　各事業のバランスがくずれ、タテ割のデメリットが生じれば、相乗効果どころか相殺効果が発生します。ＪＡは購買事業を行い、その資材を活用し営農指導事業を展開します。そして農畜産物を生産し、販売事業によりその販売代金が信用事業のベースになり、生活安定のための共済

〈ＪＡ事業の循環サイクル〉

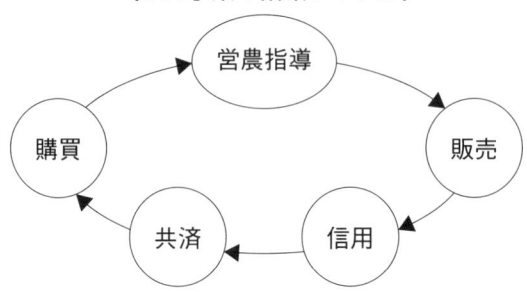

購買 → 営農指導 → 販売 → 信用 → 共済 → 購買

事業が運営されています。

　ＪＡは循環サイクル型の事業であり、いずれかの事業がミスをするとその部門だけにとどまらず、ＪＡ全体の機能停止に陥ることになります。マーケティングのトータル発想と活動を展開し、各々の機能を充実させることが条件です。

　管理者は、信用事業マーケティング・共済事業マーケティング・営農経済事業マーケティングそれぞれをマネジメントする能力が必要であり、それによりＪＡマーケティングが強化されＪＡ経営ははじめて豊かになるのです。

(2) マーケティングコミュニケーション能力の強化

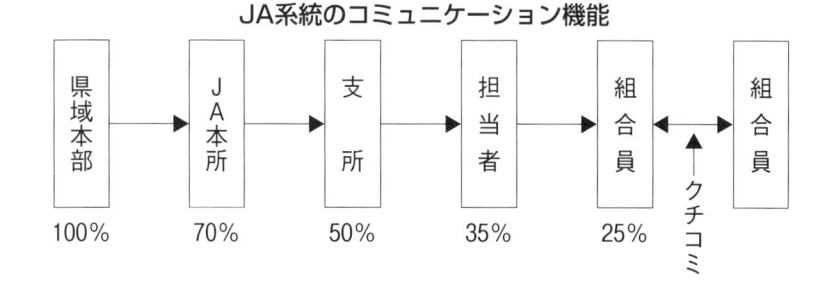

JA系統のコミュニケーション機能

県域本部	→	JA本所	→	支所	→	担当者	→	組合員	↔	組合員
100%		70%		50%		35%		25%	クチコミ	

　マーケティング戦略を展開するうえで重要になるのが、マーケティングコミュニケーション能力です。部下または顧客とのコミュニケーション成立の条件は相互理解であり、マーケティング情報をいかに共有化するかが重要になります。

　「ある商品が売れるかどうかは、その商品の情報がどれだけ的確にお客に伝わるかどうかで決まる」という定義があります。

　情報は、ユガミを持ち、遅滞したり、変容したり、切断されたりすることもあります。そのため、情報が的確に伝達されないケースが多くあります。

　ＪＡのマーケティング情報は、組合員・顧客に正しく伝達されていないように見受けられます。コミュニケーションパイプが切断され、商品

情報が提供されず、正しく理解されていないのではないでしょうか。部下のコミュニケーション能力が低下すると、キャンペーンのお願い推進に終始する話法が氾濫しかねません。

コミュニケーション機能が低下した組織には「0.7の二乗の法則」が作用し、1つのセクションを通過するごとに情報は30％減少し、情報は伝わらずＪＡと組合員・顧客のミスマッチが生じることになります。

最終伝達者である店舗・窓口・渉外のコミュニケーション能力のパワーアップ指導が求められます。

部下に商品を売らせてはなりません。物を売る時代は終わっています。商品の有利性・機能性・効用性・情報を売らなければ、商品が売れない時代です。「お願い推進」では、業績向上は望めません。

■まとめ■

信用事業は銀行業へ、銀行業は情報・サービス業へ。ＪＡバンクは、情報・サービス業です。

時代の変化により業種標準が喪失し、業態が生まれました。業界の常識が世間の非常識、ＪＡの常識・系統の常識が世間の非常識にならないよう、発想の転換・意識改革が求められます。系統内視察文化ではドラスティックな改革は進みません。

いかにしてライバル金融機関の戦略・戦術を研究し、競争的ベレチマーキング（競争相手に勝てるような基準設定）を構築できるかがキーポイントになります。

真に「大転換期　新たなる協同の創造」（平成22～24年3か年計画方針）の実現が急務です。管理者の意識改革のポイントを今一度チェックしていただきたいと思います。

2 期待される管理者の使命と役割

　管理者にとって、役割意識以上に求められるのが使命感です。使命感とは、管理者に課せられた任務を果たそうとする気概です。管理者が、今どのような立場にいるかという理由がはっきりしている使命感のある人には底力があります。今抱えている業務は自分がやるべき業務であり、遂行することが人生を全うすることだとの使命感を抱いている管理者は、常に強く生きることができると思います。

　真に、「自分がやらねば誰がやる」という精神です。管理者の存在意義というものをしっかり理解していると、目の前の業務に、また、困難に全力でチャレンジすることができるでしょう。そのような管理者は、部下からのリスペクトがあり、素晴らしいチームが形成されるに違いありません。その使命のうえに役割が発揮されます。

　使命なき役割は、ともすると事なかれ主義に陥り、役割が全うされず、よい成果が得られず、店舗経営は不振を極めることになります。

　使命・役割の認識の差が業績を左右するということを再認識していただきたいと思います。

1 改革期における管理者の使命

1　管理者は経営理念・方針を実現する使命がある

　ＪＡは、環境変化により常に対応戦略としての変化を求められ、この

変化に対応できなければ市場からの退場を余儀なくされます。時にはＪＡ無用論にもなりかねません。

しかし、一方で、ＪＡには"変わってはいけない"側面も存在し、どのような環境になろうと揺らいではいけないものがあります。それが、ＪＡ綱領であり、経営理念です。経営理念はＪＡの憲法であり、情勢の変化や役員の交代により変更されることもありますが、基本的には永続的に具現化されていくものです。

基本方針は、経営理念やビジョンを受けて具体的な指針として示され、長期・中期・年度経営基本方針として作成されています。

今、ＪＡグループでは、まず全国共通の３か年計画・県域３か年計画、そして単年度計画・ＪＡ３か年計画・単年度計画が作成され、それが数値化され店舗に事業計画として示されています。すべて重要な目標です。

管理者は、それを部下の努力と協力で実現する使命があるのです。

まず、管理者自らが、経営理念・方針を充分に理解し、部下に徹底させることが重要です。だから、管理者は、経営者代理業なのです。

2　ＪＡは組合員・地域への奉仕団体である

2016年４月、ＪＡグループのさらなる飛躍をめざして、改正農協法が施行されました。その中でも事業の目的を明確にした第７条は、現場の管理者にとっては極めて重要です。

改正第７条の規定は以下のようになっています。

> **第７条**　①　組合はその行う事業によってその組合員及び会員にために最大の奉仕をすることを目的とする。
> ②　組合はその事業を行うに当たっては農業所得の増大に最大限の配慮をしなければならない。
> ③　組合は農畜産物の販売その他の事業において、事業の的確な遂行により高い収益性を実現し、事業から生じた収益性をもって、

> 経営の健全性を確保しつつ事業の成長発展を図るための投資又は事業利用分量配当に充てるよう努めなければならない。

第7条の改正ポイントは、次のとおりです。
・非営利規定の削除（利益を稼ぐこと等を否定するような誤解をなくす）
・第2項において、農業所得（農業者の所得）の増大に配慮しなければならいことを明確にしたこと
・第3項において、「事業の的確な遂行」とは効率的に事業を運営すること、「高い収益性の実現」とは農業者から収奪するのでなく外から利益をもってくること、「経営の健全性」とは過度の還元の禁止、「事業発展のための投資」とは将来の組合員のための投資ということ
・協同組合は事業利用量配当が基本であること

　まず、第7条の内容を正しく理解し、部下とともにそのアクションプランを作成する事が求められます。改正農協法の中でも第七条は、役職員が全力をあげて実践しなければなりません。

　ライバルは、顧客満足による利益の獲得を志向しています。奉仕団体の職員として、組合員・顧客の声を聞くだけでは評価されません。それを実現できなければ、クレームすなわちマイナスの満足になります。

　組合員・顧客の声を聞くことは、単なるゼロの満足にすぎません。私たちは、組合員・顧客の風下に立つことなく、一歩先の提案型活動を行うことにより信頼を勝ち取り、プラスの満足を実現する使命があるのです。

　新農協法第7条の実践が自己改革の一歩です。

3　次代をつなぐJAの役割・機能強化を図る

　かつて、地域社会は農村であり、地域産業は農業でしたから、JAの役割は、組合員を主体とした農畜産物の生産支援が中心でした。
　しかし、各地で都市化が進み、地域社会は農村から勤労者社会へ、主

役は組合員からサラリーマンへ移り、地域構造は変化しました。その結果、ＪＡの役割も変化への対応を迫られ、農畜産物の生産支援のみならず、地域社会に貢献することが求められるようになりました。ＪＡは農業と地域住民、消費者との橋渡しの役割を果たすことが重要になりました。

地域に生きるため、新しい時代のために准組合員増強作戦を強化し、共助・共益から公益へ、地域社会に貢献するためにさらに機能を充実しなければならなくなりました。

そして、部下とともに、特に次世代、第二世代の取引者の増強により顧客基盤の拡大に努め、新時代にＪＡを引き継がなければなりません。

そのために、私たちは、「次代をつなぐ協同」（平成25年〜27年、新3か年基本方針）の実践が急務です。

2　営業店管理者の４大職務

店舗管理者として、部下の努力と協力でいかにしてよい経営・店舗運営ができるのかが注目されます。単なる残高管理のみでは、充分な役割を果たすことにはなりません。

店舗経営管理には、しかるべき機能が求められます。機能発揮のために店舗において、管理者が４つの職務とそれに伴う８つの責任を果たさなければなりません。

単一業務の管理による重点的集中管理では、期待される成果は上がりません。クラスター（複合専門性）管理能力が求められ、そのバランスが重要です。いかにして、次席者とともに店舗経営における管理体制を確立できるか、その標準化が重要になります。

1　業績管理

当然のこととして、まず業績管理という基本的な職務を果たさなければなりません。

(1) 目標設定責任

管理強化するためには、目標設定する責任がきわめて重要です。目標は管理者の思いとして、自らが積極的に設定する義務があります。

〈ポイント〉
- 事業計画達成のための具体的行動目標を設定する
- プロセス目標・ステップを明確にする
- ライバルに負けない具体的目標を設定する
- ＰＤＣＡサイクルを徹底する

(2) 目標遂行責任

設定した目標は、使命感・強いメンタリティを持って達成しなければなりません。

〈ポイント〉
- 部下の前では弱音を吐かず、グチをいわない
- プロセス管理に徹する
- 部下の目標達成に協力する
- 達成に対する情熱を持つ

2 事務管理

信用事業は、ゼロ点か100点かの業務で、しかも100点満点で当たり前の事業です。99点の仕事は存在しません。それゆえ、徹底した管理が必要になります。

(1) リスク管理責任

管理者は常に店舗内におけるリスクの未然防止を心がけ、それを排除する管理責任があります。

〈ポイント〉
- 満期管理表は資金流出予定表であると心得ること
- 流出防止の手を打つ
- エラー率２％以下

- 訂正率0.05％以下（訂正処理は限りなくゼロをめざす）
- 常に訂正処理報告書の提出を義務づける
- 定積掛け込み遅延率0.5％以下、渉外＝0.1％以下
- ２か月の掛け込み遅延先には満期到来日変更確認書の徴求を徹底する
- ローン延滞率のチェックを怠らない
- 現金管理に関して妥協しない
- マイナス情報に耳をかたむける

(2) コスト管理責任

経営の原点としてコストダウンを求める責任は重要です。特に目に見えないオンラインコスト、時間コストの管理を徹底する必要があります。

〈ポイント〉
- 定期積金の集金コストをダウンさせる
- 定振率60％以上をめざす
- オンラインコストダウン（先数管理料・口座管理料・ワンオペ）
- 事務コスト低減
- 時間管理の強化

3 情報管理

管理者は、地域や組合員・顧客に関する情報を部下を動かして収集し、それを業績目標達成のために活用しなければなりません。

(1) 情報収集責任

業績目標達成と同様に、情報を集める重要性を徹底することが大切です。

〈ポイント〉
- 情報獲得目標の設定（車検、進学者、就職者、退職者、住宅関連）
- 情報管理ファイルの作成

(2) 情報加工・活用責任

集めた情報は、目標達成のために活用されなければ、意味がありません。情報なき戦略は、成功しません。

〈ポイント〉

・情報の整理・分析
・情報別商品別アプローチリスト作成
・ローン戦略、活用チェックリスト作成

4 部下管理

管理者は、部下の努力と協力で仕事をするのですから、部下の管理は店舗運営において重要な要素になります。

(1) 動機づけ責任

部下の努力と協力を引き出すためには、いかにして動機づけできるかがポイントになり、信頼関係が基礎となります。

〈ポイント〉

・いかにして部下のやる気を引き出すか
・担当者別動機づけ要因の把握
・女性職員の心理の把握
・部下とのコミュニケーション

(2) 指導育成責任

誰を、どのような方法で、どのレベルまで育成するか、その指導責任と部下に対する情熱が必要になります。

〈ポイント〉

・担当者別指導目標の設定
・ＯＪＴ能力の強化
・コーチングスキルアップ
・正しい指示・命令の出し方
・正しい注意の仕方、叱り方

3　管理者の資質と条件

　管理者には、基本的な3つの能力が必要であるといわれます。
　その1つは、専門的能力（テクニカル・スキル）で、業務遂行上必要な専門的な知識・技術であり、不可欠のものです。
　2つ目は、人間関係維持能力（コミュニケーション・スキル）で、部下に対しては豊かな感受性や深い洞察力で効果的なリーダーシップを発揮する能力です。
　3つ目は、状況認識能力（コンセプチュアル・スキル）で、自店舗内目標だけでなくJA全体の目標に向けて行動できる能力です。すなわち、的確に周囲の状況を判断し、問題発見と解決ができる広い視野と先見性の能力が必要になります。このコンセプチュアル・スキルは、上級管理職になればさらにウエイトは高くなります。
　3つのスキルは、特に変化が激しい時代には自分の業務知識・技術だけにとらわれていると、それは陳腐化し、時代対応に沿った管理が不可能になります。
　管理者の資質として、専門知識だけでなく、経営センスが求められています。

1　店舗戦略のための管理者の資質

　管理者には以下のような資質が求められます。
(1) **すべての活動を収益管理に結びつける**
　いかにして部下を収益の出る方向に動かすことができるかが問われます。
(2) **店舗管理者としてのビジョンと方向づけを徹底させる**
　店舗運営のビジョン・方針を明確にし、部下に徹底、理解させることが重要です。

(3) 自店のストロングポイント・ウイークポイントを整理する

特にウィークポイントについて具体的な解決策を示すことが必要です。

(4) 全員主役主義、そして1人2役・3役が求められる

人員削減のため余力のない組織になった場合、より成果を上げるためには、部下に新たな役割、仕事を与えることがポイントです。

(5) 30％の危機感と70％のロマンで部下を動かす

環境の厳しさを理解させ、こうすればよくなるという夢とロマンを語り、部下を動かすことが求められます。

(6) 管理よりも動機づけにウエイトをおく

いかにして部下のやる気を引き出すことができるかを優先すべきです。

(7) 管理者のチームワークをよくする

常に管理者は部下から注目されています。管理者同士のコミュニケーションをよくし、ギャップをなくす努力が必要です。

2 部下の成長を阻む管理者のパターン

以下の言動は、部下のやる気をなくさせ、成長を阻みます。

(1) 部下の提案を批判的に見てケチをつける

批判的に見てケチをつければ、部下は当然提案する意欲を失い、努力しようとしなくなります。

(2) 部下の提案は自分のコケンにかかわると思う

部下からの新しい提案・アイデアは積極的に受け入れ、若いパワーを活かす発想がないと部下はつぶれます。

(3) めんどくさがる

部下に対して感情は顔に出さず、めんどくさがる管理者は、部下の積極性を奪うことになります。

(4) 保守・保身的で変化を好まない

変化の時代に保守・保身的であれば、必ず信頼を失い、部下は成長しません。

(5) **忙しがっている**

忙しいふりをしてはなりません。部下が寄りつかなくなります。

(6) **視野がせまい**

部下は管理者の能力以上には成長しません。物事は広角でとらえることが大切です。

(7) **無関心でいる**

部下に関心を示すことは、部下に対する期待感につながります。

(8) **自分自身の能力開発を怠る**

能力開発はあらゆる手法で行い、タウンウォッチング・ソーシャルウォッチングも立派な現実的能力開発です。

(9) **管理者自らが消極的である**

消極的な減点主義では、部下は仕事をしなくなります。なぜなら仕事をしなければミスはないからです。

(10) **部下を信用しない**

部下に対しては、日頃から性善説的観点から評価しないと信頼関係を失うことになります。

以上のような振る舞いや価値感を持つと部下は必ず挫折し、成長しません。成長し続ける部下とともに、いかに組合員・顧客を喜ばせることができるか、管理者の資質が問われます。

3　部下の力を最大限に引き出すコンセンサス能力のアップグレード

部下の能力を引き出すには、重要な事項を多数決で決めたり、押しつけたりせず、徹底して議論する職場風土をつくることが大切です。

(1) **葛藤の処理をいかにするか、検討してみよう**

葛藤を処理するとき、何が何でも意見は一致しなければならないと思い、それを積極的にやれば力の闘争になり、声の大きな人の意見に従うケースが多くあります。また、消極的に行えば、多数決や第三者評定という生産性が上らない結果になります。

〈葛藤処理とコンセンサス〉

	意見は一致せねばならぬ	意見の一致は不可能	意見の一致は可能
積極的	力の闘争	退席→退職	コンセンサス （合意に達する話し合い）
消極的	多数決 第三者評定 （ジャンケン、サイコロ）	ダンマリ 無関心をよそおう	表面的な妥協

　多数決で決定する手法は管理者の自信のなさであり、部下指導には適さない手法です。しかし意見の一致は不可能であるという考え方を持っていると、話し合いの場から退席したり、エスカレートすると退職する者も出てきます。また、どうせ管理者は、自分の意見を聞いてくれないとなると、部下は何もいわず、無関心をよそおうようになり、意見の出ない不活発な店舗になります。

　意見の一致は可能であるという考え方を持ち、表面的な妥協に終わらず、意見の一致に積極的に取り組みましょう。それには、合意に達する話し合いの能力・コンセンサス能力を身につけることが重要です。

　管理者にコンセンサス能力がないと、"会して議せず、議して決せず、決して行わず"という最悪の店舗になるでしょう。

(2) **コンセンサスとは**

　コンセンサスとは、自説を通して相手を打ち負かすことではありません。また、その場の解決を急ぐために自説を下ろすことでもありません。相違する意見を分かち合って視野を広げ、真剣に相違点を検討することで相剰効果を出し、お互い満足できる合意を取りつけ、さらなる解答を創出することです。

　常に納得できるまで話し合い、部下を受け入れ、そして説得する能力が必要になります。店舗というチーム統合力の発揮が求められています。

(3) コンセンサスの取りつけ方

管理者として、日常業務において自分自身の部下との接し方をチェックしてみる必要があります。

① 自分の意見に同意してもらうには
  - イ 自分の意見・考え方を十分に伝える
  - ロ 部下の間違い・矛盾点を気づかせる
  - ハ べき論で攻めてみる
  - ニ 現実の行動・経験・実績で説得する
  - ホ メリット・デメリットで比較検討させる
  - ヘ 重要度・緊急度等から優先順位で攻める

② 部下の意見を理解するには
  - イ 部下の意見・考え方を十分に傾聴する
  - ロ 自分の考えにこだわらない
  - ハ 先入観・固定観念を取り除く
  - ニ 一致点・不一致点を明確にする
  - ホ 不一致点の論拠を検討する
  - ヘ 部下の意見を評価する

コンセンサス能力を習得することによりリーダーシップが発揮され、店舗内は活性化されます。そうすれば、部下は納得し、意欲を持って全力で目標にチャレンジするようになることは間違いありません。

4 よりよいリーダーシップ発揮のために

部下に対して統率力・指導力を的確に発揮するためには、対人能力を身につける努力が必要です。対人能力とは、以下の能力をいいます。

- ・部下が考え、感ずることを正確に感知する能力（感受性）
- ・その理解に照らして適切に行動し得る能力（弾力的行動）
- ・部下を説得する能力と人間性

これらの能力を基本として、以下の点に留意する必要があります。

① 部下1人ひとりを十分に理解する
② 自分と部下との間の理解・共感を高める
③ 部下の能力・意欲を引き出し、それを業務に動機づける
④ 店舗内の団結力を高める
⑤ 店舗内の活動目標をＪＡ全体の活動目標に一致させる

そのために、部下の意見はよく聴く、そしてわかりやすく説明し、的確に援助し、よく話し合うことが重要です。そして部下を正しく評価し、結果は管理者が責任をとるという姿勢がポイントになります。

管理者としての資質と条件が欠如すると、職場は活性化されないばかりでなく、部下がすぐ辞めてしまうという現象も現れます。もう一度チェックをしていただきたいと思います。

正しいリーダーシップを発揮することにより、管理能力の質をさらに高めていく必要があります。

4 コンプライアンス経営とリスク管理能力

コンプライアンスの目的は、違法行為等の事前予防・未然防止の仕組み（体制）を構築することにより、ＪＡ全体の遵法性を高め、経営の安全性を確保することにあります。

コンプライアンスを徹底することにより、自己責任原則に基づく経営の確立や透明性の高い業務運営が図られ、組合員等地域社会全般からの信頼が確固たるものになります。

コンプライアンスに関する各種マニュアルは、ＪＡ内においてすでに活用されており、ここでは、基本となる管理者のメンタリティを中心に整理をすることとします。

1　コンプライアンス経営の条件は社会性と経済性の両立である

コンプライアンスというと、ともすれば社会性を中心とした公共性・

合法性の追求ばかりが目立ちますが、一方では経済性も追求し、営業性・生産性も実現しなければならないのです。

管理者は、社会性と経済性の両立のための指導管理を強化しなければなりませんが、そのポイントを対比しながら検討してください。

社　会　性	経　済　性
○公共性	○営業性
○堅確性（正しく）	○効率性（早く、手際よく）
○ミスの防止に力点	○ロス防止に力点
○品質管理	○生産性向上
○事故防止に力点	○業務能率に力点
○合法性追求	○合理性追求
○守りの管理	○攻めの管理

（出所：㈱経済法令研究会　通信講座「管理者必修コース」第2分冊49頁）

コンプライアンスを社会性追求至上主義のシステムにすると、業績が低迷するおそれがあります。絶対ミスをしないことを目的とするならば、それは仕事をしないことです。しかし、それでは組織のパワーが失われてしまいます。管理者のバランス感覚が必要です。

コンプライアンスは、法令遵守のためだけでなく経営管理のためのシステムであるということを正しく理解することが重要です。

2　コンプライアンスは経営管理システムである

最も重要なことは、法令の理解でなく、「ルールは絶対に守らなければならない」というコンプライアンスマインドです。

したがって、管理者は厳しい検察官的役割を果たさねばなりません。見て見ぬ振りをする無責任な管理者になってはいけません。部下の将来のために、不幸にしてはならないという管理者自身のマインドも必要になります。

(1) なぜＪＡの不祥事は多発するか～規則と規範を厳守する職場風土の欠如～

① 職場ルールの徹底遵守

- 社内（職場）規則……方針・就業規則・諸基準・諸規定・マニュアル・身だしなみ
- 社内（職場）規範……仲間のルール・職場風土

規則・基準・マニュアルは実行するために守るためにあるのだという価値観をしっかりと指導する必要があります。この原則が守られていないと現金不祥事は必ず繰り返されます。

② 正しい法令の理解と遵守

- 社会規則……法令・通達・告示
- 社会規範……経営論理・社会道徳

法令の徹底はもちろんのこと、量から質を追求するＪＡ文化と意識の改革が急務になります。

現金不祥事根絶は、管理者の監督責任であり、未然防止のための事務管理・職務のレベルアップが求められます。管理不在にならないよう、常にチェック機能を働かさなければなりません。

(2) コンプライアンスの基本的事項

当り前のことを当り前にやることの重要性を認識させ、実行させることが求められます。ただ、あまり部下が萎縮しないよう、通常は性善説的ふれあいに徹し、グレーな部分が、かい間見えたら厳しく接し、未然防止に努めるべきです。

当たり前のことをやるための基本的事項、以下のようなことを再チェックすることが必要です。

① 守秘義務・個人情報保護義務
② 商品説明義務
③ 善管注意義務
④ 社内報告義務

⑤　公私混同の禁止
⑥　セクシュアルハラスメントの防止
⑦　パワーハラスメントの防止
⑧　反社会的勢力との断絶・排除

3　事業別コンプライアンス

　信用・共済・その他事業を含め、推進活動でも特に訪問推進に関して注意しなければならない法令が数多くあり、質を重視した推進活動が求められています。

　無理なノルマ管理の行き過ぎが問題になるケースもあり、基礎研修を通じてオーソドックスな推進スキルを身につけさせることも大切になります。

(1) **信用事業におけるコンプライアンス**〜コンプライアンスマニュアルの活用〜
①　推進を行ううえで守るべき基本的法令
②　金融機関として守るべき法令・事項

(2) **共済事業におけるコンプライアンス**〜コンプライアンスマニュアルの活用〜
①　推進を行ううえで守るべき基本的法令
②　推進活動時におけるコンプライアンス
③　契約者フォローの場におけるコンプライアンス

　管理者にとって、質をふまえた量の増強をめざさなければならない店舗経営において、コンプライアンススキルを向上させるには次のことに注意する必要があります。

　まず、管理者として、問題発見能力が求められます。問題形成能力でも問題解決能力でもなく、すべては問題発見能力です。問題とは、あるべき姿・理想と、現状のギャップです。

　すなわち、管理者は常にあるべき姿を確認し、それを部下に示すこと

です。あるべき姿が理解されていない、また、理想の低い管理者は、問題点を認識することはできません。

　管理者は、現状の問題点・将来予想される問題点を早期発見する能力を持つことが、コンプライアンス対応の職場風土の改善に通じることになります。また、職場においてのコミュニケーション・コンセンサス能力も重要なスキルとなります。

4　信用事業におけるリスク管理の強化

　リスクマネジメントとは、想定されるリスクを未然に防止するために、リスクの分析・評価・低減とコントロールを行うことです。

　経済社会が成熟し複雑になるにつれ、ＪＡにも予測しがたい経済的損失を与える要素が増大していますが、これをいかに回避し、抑え込むかという経営スキルが求められています。

　リスクを把握するうえで想定すべき範囲は、環境・社会事件との関わり、ＪＡ組織や職員個人の違法行為や逸脱行為など多岐にわたりますが、まず信用事業に関するマネジメントを強化しなければなりません。

　リスクの洗い出しとその影響度などを評価して優先順位を決めたうえで、対策を決定しなければなりません。リスクによる被害は、収益の直接的な損失だけでなくＪＡに対する世間の評判による信用やブランドの低下につながる大きな課題になります。

(1)　**ＪＡ信用事業のリスクマネジメント**～いかにしてリスクを想定できるか～

　ＪＡの信用事業においては、以下のようなリスクが考えられます。
・信用リスク
・市場性リスク・金利リスク
・価格変動リスク
・為替リスク
・流動性リスク

・経営リスク
・事務リスク
・コンピュータリスク

(2) リスク排除の対策と責任

リスクを排除するには以下のような対策を講ずる必要があります。

・リスクマネジメントポリシーを徹底する
・リスクを客観的に総合把握する
・ＰＤＣＡサイクルを実態として機能させ、ウィークポイントを修正する
・コンプライアンス・マニュアルやプログラムによる管理者の役割・責任を明確にする
・総合的リスク管理体制を確立する
・個別の問題点が発生した場合は、発生原因、背景、経営に及ぼす影響を検証する

管理者にとって、いかにしてリスクを未然に防止するための目標管理体制を確立するかが問われます。ＰＤＣＡ経営を優先させ、プロセス管理をすることにより、未然防止のマネジメントが定着し、体制強化を実現することができます。

5 金融検査マニュアルと金融庁検査対応力

系統金融検査マニュアルは、中小企業金融円滑化法（中小企業者等に対する金融の円滑化を図るための臨時措置に関する法律）の施行にあわせて監督指針とともに改定されたものです。

ただ、中小企業金融円滑化法は、平成25年３月末で終了しましたが、検査マニュアルの大部分は恒久的な措置です。したがって、その着眼点を充分理解し、検査目的でなく、しっかりとした店舗内リスク管理態勢を構築しなければなりません。

さらに、平成23年よりＪＡに対する金融庁検査の導入が波紋を広げました。総合事業を展開するＪＡの信用事業ではなく、本来の金融機関としてのあり方が試されることになりました。

1　系統金融検査の基本的考え方

系統金融検査に関しては、すでに平成19年に、「協同組合検査基本要綱」、「協同組合検査実施要領」が農林水産省より訓令・通知されています。

〈金融検査等の５原則〉
① 利用者視点の原則～金融検査の目的の明確化
② 補強制の原則～双方向性の議論を重視
③ 効率性の原則～メリハリを持って的確に指摘
④ 実効性の原則～検査当局と監督部門との緊密な連携
⑤ プロセス・チェックの原則～将来にわたる管理の適切性を確保

ＪＡバンクにおいては、自己責任原則に基づき、役員・管理者のリーダーシップのもと、創意工夫を十分に活かしそれぞれの規模・特性に応じた方針・内部規定等を策定し、ＪＡバンクの業務の健全性と適切性の確保を図ることが期待されています。

2　管理者としての検査マニュアル対応のポイント

(1)　「やるべきこと」「してはいけないこと」

「やるべきこと」「してはいけないこと」を管理者として自ら判断しなければなりません。特にやるべきことについて、検査マニュアルにはヒントがありますが、答えはありません。管理者は自己責任原則に基づいて決定しなければならないのです。

「やるべきこと」を明確にすれば、おのずと「してはいけないこと」が明確になります。

(2) 「川下から川上へ」の検査プロセス

各態勢共通の3段階の基本形（経営陣・管理者・個別問題）は、それぞれのなすべき役割・責任を明確にしたものであります。検査プロセスは「川上から川下へ」というプロセスより、むしろ「川下から川上へ」という逆のプロセスが重要になり、特に管理者の役割・責任が重要になり、川上作戦が求められるようになりました。

(3) ＰＤＣＡサイクル

ＰＤＣＡサイクルにおける管理者の役割・責任の明確化があり、特に大事な部分は、Check「評価」、Action「改善活動」であり、この点が不完全であれば、致命的なダメージを招くことになります。業務において管理者はPlan・プラン管理に終止しせず、C・Aの機能強化が求められます。勇気を持って振り返ることを習慣づけしなければなりません。

3　検査庁検査の導入

2011年8月より貯金量1000億以上のＪＡに金融庁が検査をスタートさせました。従来、ＪＡの検査を実施していたのは、農林水産省・都道府県でした。

これまでのところ、ＪＡをめぐって目立った信用不安は見受けられませんが、これまでの検査を担ってきた機関の多くは金融検査のプロではありません。

このため、リスク管理が徹底されているか否かをより専門性の高い金融庁の地方財務局の検査官によって検証されることになったのです。

基本的には、三者要請検査により実施されます。従来の検査と比べ、金融庁検査の特徴の1つが、プロセスチェックです。病状を診断するだけでなく、原因を徹底的に突き止め、再発防止に重点を置くことになりました。そこで、金融の専門家・プロによる検査に耐えうるような信用事業に改革することが急務となります。

ＪＡとして常識的にやってきた信用事業業務モデルでは、もう通用し

なくなったのです。銀行業務モデルの標準化が求められています。ＪＡバンク内に緊張感が漂う中、検査に備えて自主的な経営改善に取り組む動きが加速することは非常に好ましいことです。

〈留意点〉
① 新しい金融検査マニュアルを正しく理解し徹底すること
② 信用事業を銀行業務レベルに高めること
③ 店舗管理者の能力開発と資格取得（銀行業務検定試験：営業店管理Ⅰ・Ⅱなど）

［参考資料］
「系統金融検査マニュアル」（経済法令研究会刊）
「新系統金融検査マニュアルの要点Ｑ＆Ａ」（経済法令研究会刊）
「営業店管理の実務」

■まとめ■

以上で述べたことを具体的にまとめたものが、以下の「店舗管理者標準的業務基準」です。

店舗管理者標準的業務基準

１　目　次

(1) 就業準備の管理指導
① 金庫の開閉。
② 正確なオペレーターカードの授受
③ ＡＴＭ現金管理のチェック
④ 店舗内・外の整理・整頓の指示
⑤ ハンディ端末の授受
⑥ 正確な預り物件の授受
⑦ 朝礼の実施

- ・行事予定の確認、管理者自身の行動予定の徹底
- ・前日までの実績と本日の目標の確認
- ・コメントと方針の徹底
- ・成功事例の共有化（ほめる場）
- ・各担当者からの行動予定の発表
- ・病欠者への対応指示
- ・３分間スピーチ（重要なニュース・話題の提供）
- ⑧ 渉外とのミーティングの実施
- ・本日の訪問計画の再確認と修正
- ・個別案件見込みの確認
- ⑨ 配信帳表および日次オンライン帳票のチェック

(2) **開店時管理**

① 渉外の出店時刻のチェック
② 全員決められた位置に配置させる（顧客受入体制を整える）

(3) **営業管理**

① オペレーターカードの使用・管理状況のチェック
② 厳正な管理者カードの授受
③ 厳正な公印の取扱い・保管
④ 公印は使用責任者が退席時は、次席者が確実に管理する
⑤ 重要印刷物

　小切手帳、手形用紙、通帳、印紙等）の受払い、書損等について管理簿で管理し、保管（在庫管理）についても厳正に行う。定期貯金等中途解約の理由を必ず報告させ、対応策の指示および対応を行う

⑥ 大口の入出金は速やかに報告させ、管理者が対応する
⑦ 管理者自らが「身だしなみ」「挨拶」等のビジネスマナーを守り、部下への指導を徹底する
⑧ 外出時には行き先・帰店時間を明確にする

⑨　離席時・不在時（会議等）の対応処理の指示を行う
⑩　来店客へは積極的なロビー対応を行う
⑪　顧客からの苦情・相談は率先して対応する
⑫　反社会的勢力に対しては毅然とした態度で対応を行う
⑬　窓口繁忙期には、店舗内の連携を指示し、客待ち時間の短縮に努める
⑭　窓口が空いているときは、ＴＥＬセールス、ＤＭ・提案書作成・店舗周辺の指示を行う
⑮　優先処理案件の対応・指示を行う
⑯　部下からの午前中の情報・見込み・活動状況等の報告をさせ必要に応じた指示・対応を行う
⑰　店舗内外の整理・整頓状況の中間チェック
⑱　渉外担当者の午前中の帰店・午後の出店時刻のチェック
⑲　未処理事項・至急処理事項の最終チェック
⑳　個人の携帯電話の使用規定の徹底

(4)　**閉店後管理**

①　精査表・取引票・現金在高表への検印
②　訂正処理の原因を報告させ、改善策を検討させる
③　渉外日報・窓口日誌は正確に記入させる
④　１日の情報・見込み・活動の状況を報告させ、必要に応じた指示・対応を行う
⑤　渉外日報・窓口日誌のチェックと検印
⑥　見込み管理表・アプローチリストの記入と整理をさせる
⑦　店舗実績・渉外担当者実績・窓口実績のチェック
⑧　預り物件（返却分、預か分）のチェック
⑨　届け現金のチェック
⑩　集金業務のチェック

(5) 翌日業務の管理・指導
　① ＪＡ内渉外活動基準に基づき、翌日の訪問予定の作成
　② 世帯別訪問目的を確認させ、資料・ツールを作成させる
　③ 重点訪問先への指導・アドバイス
　④ 翌日の満期到来案件の確認
　⑤ 推進物資の補充の指示
　⑥ 店周活動のための訪問準備を徹底させる
　⑦ 店内の整理・整頓の指示
　⑧ 終礼の実施
　　・当日の獲得・解約実績検討、特に解約対応策の検討
　　・入金予定の確認
　　・当日発生した問題点に対する注意・指導
　　・翌日の行事予定の確認
　　・休暇予定の確認と対応

(6) 退店時の管理
　① 夜間集金は原則として帰店処理させる
　② 重要鍵・カード等保管
　③ 特殊な事情のない限り、管理者が店内最終チェック・施錠を行う

2　週次（週次ミーティングの開催）
　① 前週の実績検討（担当者別）
　② 翌週の行動計画の検討・策定
　③ 見込み管理表・アプローチリストのチェック
　④ ロールプレイングによる話法チェックとセールス指導の徹底
　⑤ 情報メモ等を活用した情報交換と対応状況の確認
　⑥ 翌週の行事予定の確認
　⑦ 休暇予定の確認と対応指示

3　月　次

① 店舗基本方針・行動指針を明確にし、周知を図る
② 月次別に自店の重点目標（テーマ、商品）を設定
③ 重点項目（商品）の店舗目標の設定
④ 前月の成果の分析と対策の検討・指示
⑤ 店舗目標と連動した担当者別目標の設定
⑥ 担当者別に翌月の見込み状況の報告を徹底させる
⑦ 店舗重点取組事項を意識したウィンドウ・ロビーディスプレイの作成指示
⑧ 月次オンライン帳票のチェック
⑨ 貸出・ローンの延滞状況のチェックと対応の指示
⑩ 定期積金掛け込み遅延状況のチェックと対応の指示
⑪ 満期管理目標設定
⑫ 満期経過状況のチェックと対応の指示
⑬ 生活メイン化状況のチェック
⑭ 大口貯金者の取引状況のチェックと訪問計画の立案
⑮ 年金受給者状況（中断、新規）のチェック
⑯ 店舗別収益管理表のチェック
⑰ デモブック・手作りパンフ・提案書等のセールスツールの作成指示
⑱ 事務管理表などによる事務処理の合理化・効率化状況チェックと指導
⑲ 事務コスト削減（取引票、通信費等）の徹底を指示
⑳ 推進コスト（粗品等）の低減の指示
㉑ 事務手続等の諸規定に保管状況・差替状況を確認・指示

4　半　期

① 店舗および担当者毎の半期の成果分析と今後の対応策の検討
② 店舗基本方針・行動指針の見直しと周知徹底

③ 未活性口座、睡眠口座の復活対応・整理の指示
④ 職員の防犯任務分担の見直しと防犯指導
⑤ 自店の強弱分析
⑥ 地域別・資格別の取引実績のチェック
⑦ 地区内の取引件数・先数シェアのチェック
⑧ 集金業務状況の把握と改善策の検討
⑨ 窓口担当者のローテーション・役割分担の見直し

5 年　次

① 店舗および担当者別の目標達成状況のチェックと分析
② 地域別・資格別の取引実績のチェック
③ 自店の強弱分析
④ 次年次、ＪＡの基本方針（経営方針）の確認
⑤ 次年次、店舗基本方針・行動指針の設定
⑥ 次年次、店舗事業計画目標の策定
⑦ 次年次、シーズンマーケットに基づいた年間推進スケジュールの策定
⑧ 次年次、管理者自身および担当者別の目標設定
⑨ 各担当者への期待事項の明確化
⑩ 渉外の担当テリトリーの見直し
⑪ 窓口担当者のローテーション・役割分担の見直し
⑫ 部下の人事異動に伴う完全引継ぎ
⑬ 管理者の人事異動に伴う完全引継ぎ

3 現場・営業力強化と新推進体制

　ＪＡ経営において望ましいスタイルは、あくまでも増収増益です。増収のためには、現場の営業力を強化することにより事業総利益増強を図らなければなりません。その事業総利益増強のためには、推進力強化のスキルアップが求められます。

　ＪＡは、普及の時代に導入された短期一斉推進方式を伝統的に引き継ぎ、皆訪問日であるとか、狩猟型中心の推進体制が根底にあります。時代変化に対応した新たな推進方式を確立し、戦いに勝つための、業績向上のための、攻めと守りのしくみと人づくりが不可欠です。

1 今なぜ営業力強化なのか

　営業力には、販売力・交渉力・商品力などいろいろと解釈がありますが、ここでは業績・収益を上げるための力と理解し、そのポイントを整理します。

　営業力が低下するとおのずと業績が低迷し、業績が悪化すると総利益は低下します。ＪＡバンクの事業総利益のほとんどが資金収益であり、その資金収益は、資金量×利ざやで表されます。資金量は、ＪＡバンクにとって、地域からの信頼度係数であり、営業力の原点でもあります。

1　ＪＡ経営の基本と現状

　現在、ＪＡ経営の利益は、事業総利益増強ではなく、事業管理費ダウ

> 事業総利益 － 事業管理費 ＝ 利益

ン戦略、すなわち事業管理費節減効果によってもたらされた結果であるといっても過言ではありません。人員削減や店舗統廃合を中心に財務キャッシュフローに依存した利益で、事業総利益は減少傾向にあります。

　経営のパワーはやはり営業キャッシュフローであり、事業総利益増強です。事業総利益は営業店の営業活動によってもたらされるものであり、資金収益と役務収益により構成されています。したがって、事業総利益の原点は営業力なのです。

　一方、事業管理費のダウン戦略は、もう限界に近づいています。

　人を活かす営業力強化の経営戦略を再構築する必要に迫られているのではないでしょうか。

2　営業力なくして総利益なし

　日本経済の構造変化により、ローリスクで利益を出すことは、困難になりました。今求められているのは営業店の収益増強です。

　営業店における営業力の要素は、渉外・窓口に委ねられていますが、さらに管理者の営業力が決め手になります。

> 担当者の営業力 ＝ 知識 × 技術 × 行動力 × 意欲 × マナー

　管理者は、営業力に必要な知識・技術などをスキルアップさせる指導力が試されています。

　知識中心の資格至上主義では実績は上がりません。知識・技術の見える化がポイントになります。ツール・デモブックのレベルアップ、ロールプレイング、ＦＳＴ（フィールド・セールス・トレーニング）の充実指導が求められます。また、顧客接点のための担当者の行動力強化・目標達成のためのマインドアップ、金融機関職員にふさわしいビジネスマナーの習得が重要となります。

3 営業力強化のしくみづくりと人づくり

　ＪＡバンクは、地域社会において生き残るためには営業体制を強化し、経営基盤を確立しなければなりません。経営基盤確立のためには、地域密着戦略による顧客基盤の拡充が不可欠です。顧客づくりは、営業力強化が基本です。そのポイントを確認してみます。

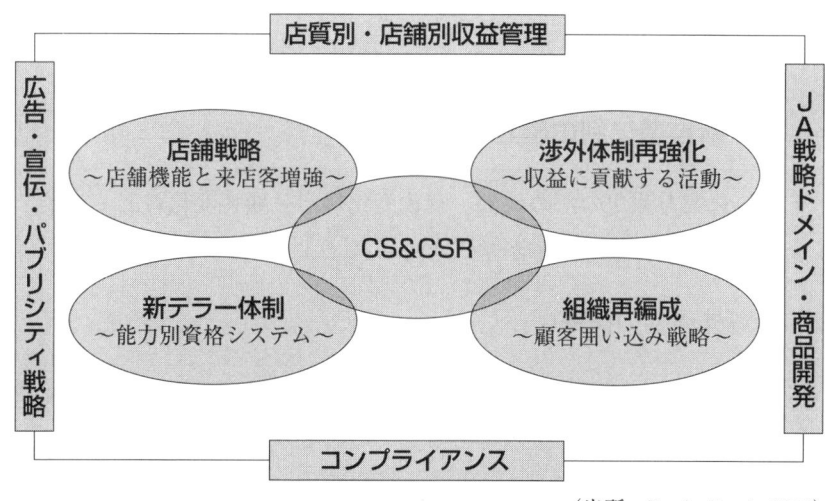

```
                店質別・店舗別収益管理
    ┌─────────────────────────────────┐
広  │  ┌店舗戦略┐      ┌渉外体制再強化┐  │ Ｊ
告  │  │店舗機能と│      │収益に貢献する│  │ Ａ
・  │  │来店客増強│      │  活動    │  │ 戦
宣  │  └──────┘      └────────┘  │ 略
伝  │        ╲    ┌────┐    ╱        │ ド
・  │         ＼  │CS&CSR│   ／         │ メ
パ  │          ＼ └────┘  ／           │ イ
ブ  │  ┌新テラー体制┐    ┌組織再編成┐   │ ン
リ  │  │能力別資格 │    │顧客囲い込│   │ ・
シ  │  │システム  │    │み戦略  │   │ 商
テ  │  └──────┘    └──────┘   │ 品
ィ  │                                 │ 開
戦  │                                 │ 発
略  └─────────────────────────────────┘
              コンプライアンス
```

(出所：Brain Bank 2012)

　まず、地域に根ざすために店舗機能を強化し、来店客増強をめざした店舗戦略の検討をしなければなりません。メインはやはり渉外体制再強化であり、収益に貢献する活動強化が求められます。そして、新テラー体制の確立をめざし、能力別資格システムの導入で、メイン店舗には上級資格のテラーを配置したいものです。

　さらに、顧客囲い込み戦略のために組織再編成が必要で、年金友の会はじめ旧組織を見直さなければなりません。それを実現するには人づくりが決め手になります。それぞれを有機的に結びつけ、機能発揮させるテーマがＣＳ（顧客満足）やＣＳＲ（企業の社会貢献の責任）です。

　また、営業力強化を実現するためには、いくつかの要素があります。

まず、店質別戦略による店舗別収益管理の強化、そして戦略ドメインを展開するための商品開発・企画力の向上、経営管理システムとしてのコンプライアンスの強化、さらに、地域密着するための広告・ＰＲ戦略が上げられます。

　いずれにしても、営業力強化のため渉外体制のみならず店舗戦略がクローズアップされますが、決め手はマネジメント能力です。詳細は、第７章において検討することとします。

2 新推進体制の確立

　ＪＡの営業力強化のためには、時代変化対応・顧客変化対応・ライバル金融機関対応の推進改革が常に求められます。

1　新渉外体制の構築

　事業総利益を上げるには推進体制を整備しなければなりません。業績向上にはどうしても顧客接点を再構築する必要があります。部下が１人でも多くの組合員・顧客とふれあうために店舗があり、渉外による訪問活動があるのです。

　したがって、店内におけるデスクワークを低減し、営業投入係数をアップする必要に迫られています。そのために店内業務改革を行い、推進活動時間をいかに捻出できるかが課題となります。その戦力育成のポイントを検討してみましょう。

　管理者は、渉外担当者をややもすると調達中心・貯金重視の担当者と位置づけている印象が強いと思われます。ＪＡの推進体制は時代とともに変化させなければなりません。

　獲得主義の一斉推進方式から脱皮し、店舗残高に貢献するための渉外体制が導入されましたが、さらにレベルアップが要求されています。

　以前は、渉外担当者＝集金人のイメージが強くありました。

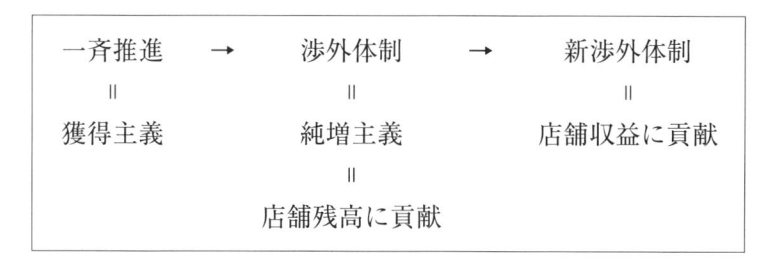

```
一斉推進    →    渉外体制    →    新渉外体制
   ‖              ‖                ‖
 獲得主義         純増主義       店舗収益に貢献
                  ‖
              店舗残高に貢献
```

　管理者は、渉外担当者を決して非効率な集金活動中心に訪問させてはなりません。これからは店舗収益に貢献させるためにも、自分で調達した貯金は、ローンとして自分で運用するという貯貸併進の渉外育成が急務です。

　自分で仕入れたお金の60％は自分で売るという、調達・運用バランスのとれた新渉外担当者による推進活動強化が基本となります。要は、渉外担当者をお金の地産地消をする係として位置づけすべきです。

2　レースの時代からゲームの時代へ～チーム力の強化～

　市場規模は縮小・停滞し、右肩上がりの時代は終わりました。市場規模が拡大していた時代は、ＪＡの市場・顧客を維持管理するだけで自然と業績は拡大しました。そのため、現状維持能力さえあれば、一定の年齢に達すれば誰でも管理職が務めることができました。したがって、増加率が、どこが１番か２番かという順位を競うレースの時代といわれました。

　市場規模が拡大していた時は、多少のシェアダウンがあっても業績を拡大することは可能でした。ところが、地域経済が低迷し、貯蓄率・預貯金率はダウンし、支払利息は、ほぼゼロベースになり、結果として市場は縮小を迫られました。

　こうした市場環境のもとで業績を拡大するためには、ライバルを倒し、勝つしかないのです。ライバルを倒すということは、シェアアップするということです。

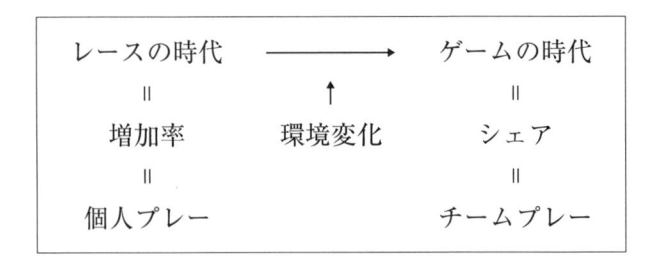

```
┌─────────────────────────────────────────┐
│  レースの時代  ────────→  ゲームの時代  │
│     ＝           ↑            ＝         │
│    増加率     環境変化       シェア      │
│     ＝                        ＝         │
│  個人プレー              チームプレー    │
└─────────────────────────────────────────┘
```

　勝つか負けるかのゲームの時代が到来しました。野球・サッカーなど、ゲームには攻めと守りの戦略が必要であり、個人プレーではなくチームプレーが求められます。ゲームにおいて、勝者はただ一者のみ。企業間競争においては、2位は、所詮、敗者の代表でしかないといわれます。

　地域ナンバーワンをめざさなければならない管理者は、そのチームの監督であり、ヘッドコーチという立場です。監督が悪ければ強いチームはできません。

　管理者の能力格差が店舗の業績を左右させることになります。管理者・渉外・窓口三位一体の店舗総合推進体制の確立が急務です。

3　3K推進からデータベースの提案型推進活動へ

　経験とか勘とか顔とかに頼った従来の3K推進では実績は向上せず、部下は疲れ切ってしまいます。JASTEM情報系の活用による顧客別提案型推進活動が求められます。3K推進から脱皮し、顧客構成分析表や世帯取引状況表の活用は当然のことながら、データ活用による推進が重要になります。

　貯金者の行動変化により、従来の突撃型推進では組合員・顧客の拒絶反応にあいます。「戦って勝つ」よりも「戦わずして勝つ」を心がけるべきです。

　それにはデータベースに基づく訪問準備を行い、提案型アプローチを心がけることです。管理者は部下に対して必要な情報を提供しなければなりません。

4　インテリジェントサムライバンクへ

　データベースを活用した推進活動のレベルアップが急務であり、そのために、資格取得をめざし能力開発に努めることは、非常に評価すべきことです。ただ、資格取得は目的ではありません。資格は、よりよい経営活動のための手段なのです。

　知識至上主義の頭でっかちの職員では、業績は上がりません。しかし、知識の欠如した職員も業績向上は望めません。

　管理者は、理論武装した武士を育成しなければなりません。公家集団では事業総利益は上がらないでしょう。ヘッドワーク＆フットワークのバランスのとれた強いメンタリティを有する部下育成が期待されています。ＪＡバンクには、インテリジェント豊かな、たくましいサムライ渉外が求められます。

5　組合員食いつぶし型推進から客づくり・第二世代開拓強化へ

　ＪＡバンクの推進課題は、既存客・組合員食いつぶし型のキャンペーンに終始しているところにあると思われます。知人宅へのお願い推進が多く、客づくりキャンペーンが不得意であるようです。

　地域においては、必ず顧客蒸発化現象が起きています。第一世代は、後期高齢者となり不幸にして亡くなり、顧客は消滅し続けています。この蒸発現象を放置すれば、顧客基盤は崩れ、顧客数の減少・実績の低下に直結します。

　そこで、原点回帰です。ＪＡバンクは、新時代のための顧客開拓に全力を注入しなければなりません。しかしながら、新規開拓は難易度が高く、店舗総力でそのスキルアップトレーニングに取り組まねばなりません。特に第二世代の客づくりは緊急を要し、全力投球が求められます。

　定期的に新規開拓日を設定し、ねばり強く継続アプローチをすることを、部下に指示しなければなりません。

6 店舗推進体制の確立

　ＪＡバンクの支店は、事務所ではなく店舗です。地域に店舗がある限り、推進の基本は来店誘致です。来店誘致の成果は、来店客数と店頭実績として現れます。

　他金融機関では、来店客数を地域における信頼のバロメーターと評価しています。なぜ地域に店舗が存在しているか、それはその地域の１人でも多くの住民に利用してもらうためです。店舗機能の強化により、その地域にしっかりと根をはらなければなりません。そのために、魅力ある店舗づくりが求められます。

7 狩猟型から農耕型推進活動へ

　ＪＡバンクは、かつて一斉推進による狩猟型の推進活動を繰り返してきました。

　実った果実や獲物を刈り取る鋭敏な能力も必要ですが、この活動に終始すると、果実も獲物も枯渇し、狩猟の成果は上がらなくなります。

　狩猟型短期一斉推進を展開してきた事業ほど、年々目標達成が苦しくなっています。よい実を収穫しようと思えば、地域という豊かな土壌によい「種」をまかなければなりません。

　水をやり「根」をしっかりと張らせ、施肥をし、よい「芽」を出させ、防除もすることによって、限りなく多くの「花」が咲き、「実」がなるのです。そして、その実を収穫するという一連の農耕型推進活動を定着させなければなりません。種をまくとは、新規訪問や情報収集活動を意味します。

　定期訪問活動により、まいた種を育て上げるというプロセス重視の活動が、より多くの花を咲かせるということになります。花が咲くということは、見込客そのものです。せっかく咲いた花も実にならなければまったく意味がありません。

農業は、土づくり・種まきに始まり、収穫で終わります。苦労して生産した作物の収穫がなければ、残念な結果に終わってしまいます。最終的に「実」をライバル金融機関に奪取されないように、するどい狩猟能力も磨かなければなりません。渉外担当者を活用した農耕型推進活動を標準化し、定着させたいものです。

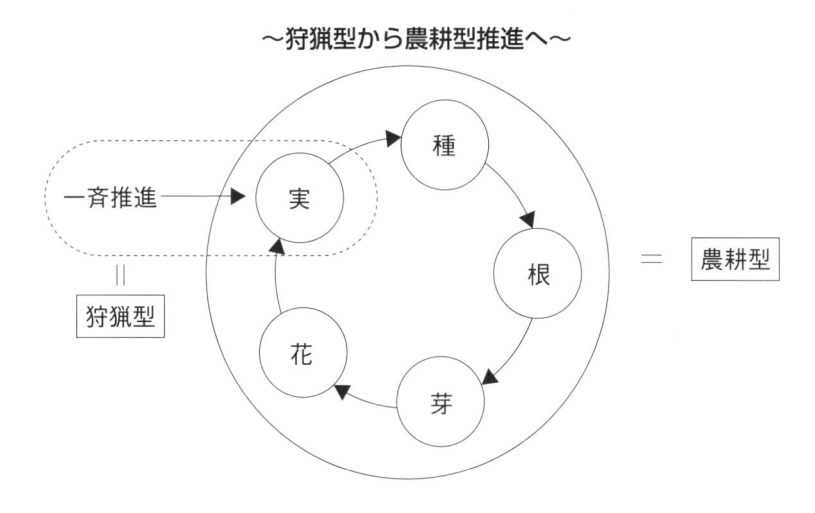

～狩猟型から農耕型推進へ～

一斉推進 → 実 → 種 → 根 → 芽 → 花 → 実
一斉推進 ＝ 狩猟型
実→種→根→芽→花→実 ＝ 農耕型

3　純増管理と満期管理の強化

　レースの時代からゲームの時代に突入し、従来の獲得ベースの推進管理ではなく、純増ベースの管理態勢の重要性が叫ばれて久しいですが、いまだ完全定着していないように見受けられます。

　店舗事業計画達成のメカニズムを理解し、純増目標設定による純増管理強化が必要であり、そのためには流出防止の満期管理能力の指導力が求められます。

1　純増目標必達の管理体制

　信用事業経営管理の基本は、純増管理であり獲得管理ではありません。

かつては、獲得イコール純増の時代もありましたが、いくら獲得しても純増できなければ意味がないゲームの時代であり、10点とっても11点とられたら敗けです。

業績の基本公式は、次のとおりです。

$$（新規獲得＋継続）－（満期解約＋中途解約）＝　純増$$

月度において純増目標必達の管理体制が求められます。

月度純増計画・事業計画
　　＋
前月未達分
　　＝
月度純増目標 ＋ 月度流出見込 ＝ 月度獲得目標
　　　　　　　　　　　　　　　　○資金源別目標
　　　　　　　　　　　　　　　　○担当者別目標 → 見える化

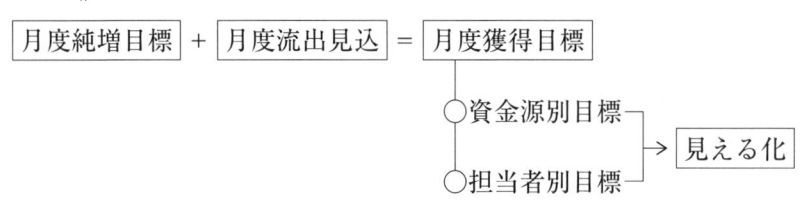

　月末または第1営業日に、月例検討会を開催し、①誰が、②何を、③いつまでに、④どのくらい、⑤どのような方法でやるか明確な目標設定を行い、管理者はこの目標達成のための基本方針と行動指針を部下に示さなければなりません。店舗においては、当然ながら事業計画があり、月度純増計画がありますが、前月に未達が生じたならば、それをリカバリーするために修正純増目標を設定しなければなりません。

　さらに、満期管理表や解約情報により流出見込を算出し、それに対する流出防止対策を立て、獲得目標を設定することが重要です。そして全員で、年金や農産物代金など資金源別目標を確認し、共有化を図る必要があります。それを担当者別目標に落とし込み、プロセス管理できるようグラフ化するなど、見える化することにより目標達成が可能になります。

2 満期管理の進め方

(1) 満期管理の必要性

　ＪＡバンクは、一斉推進による獲得ベース中心の攻めのノウハウは保有していますが、守りのノウハウがいまだ定着していません。守りを重視しなければ、純増は期待できないのです。

・満期到来額の増大
・ライバル金融機関の攻略が激化

　景気低迷で資金源の乏しいときは、当然のことながら競合金融機関は、他行満期管理を強化し、他行やＪＡから資金を奪取することに重点をおいています。ＪＡの定期貯金や定期積金の満期が標的にされているのです。守りは苦しく、時間をかけ継続的なアプローチをしなければ成果が上がりません。満期到来一覧表は、資金流出予定表と心得ることが肝心です。

(2) 満期管理とは

　満期管理とは、満期案内をする活動でもなく、満期処理をすることでもありません。これは当たり前のことです。

　継続率・書換率・定振率を上げることは、結果論であって、正しい満期管理活動ではありません。満期管理とは、「満期到来時において、次の新しい貯蓄提案する活動」であると定義づけることができます。

　満期到来時において、ただ単に従来と同様の同額の商品を勧めればよいというものではありません。継続アプローチにおいて「またお願いします」という話法は、あまりにも消極的で提案能力に欠けるといわざるを得ません。貯金という限定された商品の提案ではなく、他行流出防止のためにも、ＪＡ商品すべてを検討し貯蓄総合推進をすべきです。

　満期になった資金をどう有利に運用するのか、ＪＡには各種貯蓄商品・国債・投資信託、そして共済があります。この満期金をノルマ消化のためと、とらえないよう指導する必要があります。あくまでも顧客本

位志向で"新たなる貯蓄提案"活動をするよう、チェックし、指導しなければなりません。

　ただし、短絡的に定期貯金の満期を共済にするのはいかがなものでしょうか。他行からの呼び戻しの決め手に活用すべきであり、経営的発想で慎重に提案する必要があります。重要なことは、顧客目線で提案活動を行うことです。

3　満期管理の指導強化（定期積金編）～満期管理表・満期到来一覧表の完全活用～

(1)　客別満期管理責任者の決定（2か月前）

　満期管理で重要なことは、顧客が満期金の使途を決定していないであろう早期に着手することです。当月アプローチでは手遅れです。

　満期の2か月前に出力されたオン帳票に、客別に誰が責任を持って2か月間、管理するのか決定する必要があります。集金先はもちろん、自振先、窓口掛込の顧客も、必ず割振りをしなければなりません。

(2)　客別満期管理目標の設定

　管理をするためには、必ず目標設定が不可欠です。集金活動や開拓活動・窓口業務で得た情報に基づいて、客別に増額継続目標と定振目標を設定しなければなりません。

　また、単なる目標式にとどまることなく、ボーナス併用・逓増式・満

満期到来一覧表

（単：千円）

顧客名	期間	満期到来額	期間	継続目標	商品名	定振目標	担当者
a	5	1,000	3	1,000	貯蓄貯金	800	
b	5	500	5	1,000	総合口座	500	
c	3	360	3	500		0	
合　計		12,550		15,720		7,800	

期分散型など、顧客ニーズにあった提案が求められます。

継続率の目標設定ガイドラインは、小口は300％、中口は200％、大口は100％が基本です。高齢者は満期解約も多く、このガイドラインでやっと継続率が維持可能になります。同額継続のみでは業績ダウンになります。

(3) 担当者別集計と担当者別目標設定

客別に満期管理責任者を決定し、客別に満期管理目標を設定したら、担当者別集計すれば、おのずと担当者別満期管理目標が設定可能になります。管理者は、この表に基づいてプロセス管理・見込管理を行うことになります。

月度定期積金担当者別満期管理目標

上段：見込
下段：実績

担当者名	満期到来額	継続目標	継続見込	定振目標	定振見込
合　計					

(4) 提案書の作成とアプローチ活動

客別目標設定により新しい貯蓄提案書を作成し、集金時また開拓時に提案アプローチをしなければなりません。提案内容の見える化をしないと成約率は上がらないでしょう。また、自振先については、提案書送付→電話アプローチ→訪問を基本とするとよいでしょう。

2か月前の訪問は、80％定振アプローチに時間を費やし、満期金の使途をしっかりと押さえておくことがポイントになります。場合によっては生活関連ローンの有力な見込になる可能性があり、明確な指示が必要になります。

(5) **見込状況の把握**

アプローチした結果は、必ず報告させ見込管理表に記入し、管理者としては担当者別に集計し、目標と見込状況を把握・検討しなければなりません。

見込がない大口顧客には、同行も効果的です。満期金100万以上の顧客には、管理者によるお礼訪問が必要です。必ず実践してください。

(6) **アプローチ活動（1か月前）**

前月までの見込状況により、最終目標を確認・修正し対策を立て、最終アプローチに入ります。1か月前は、増額継続アプローチに80％の時間を使い、定振の再確認を行います。なお、併行してローンアプローチをする場合は、徴求書類等の最終確認しておく必要があります。

(7) **満期到来までのフォロー**

進捗状況の悪い部下には、さらにフォローアップ活動をさせることが重要です。

定期積金の満期管理活動を強化することにより、守りのノウハウを習

満期管理活動フロー

2か月前……　顧客別満期管理責任者の決定　→　顧客別満期管理目標の設定　→　提案書作成／担当者別集計　→　アプローチ活動　→　見込状況の把握　→　同行　→　修正目標と対策　→　担当者別集計　→　1か月前……　アプローチ活動　→　予約　→　満期到来

得させる指導が大切であり、資金流失防止活動の基本となります。

定振率が悪いと定期積金は、高コスト・非効率商品になりかねません。

定期積金は、地域密着の戦略商品です。決してつぶしてはなりません。

4　定期貯金満期管理の指導のポイント

満期管理の手法は定期積金と同様ですが、自動継続だからと安心して放置してはいけません。

(1)　ロット化セールスを心がけること

定期貯金の満期の前後にある小口定期の満期分を合わせ、ロット化・大口化を図り、新しい有利な商品を提案し、囲い込みをしなければなりません。

定積満期・ボーナス・農産物代金などのニューマネーを含め、的確な資産形成のアドバイスを行い、顧客の信頼を勝ち取ることが肝心です。

(2)　他行満期管理は、まず呼び戻し作戦

他行満期情報を収集し、攻略目標を設定しなければなりませんが、よほどの信頼関係がないと耳より情報は獲得できません。また、ＪＡの1～3年前の満期管理表に基づく流出先リストを活用し、呼び戻し作戦を行い、資金奪取の活動強化が求められます。

"攻撃は最大の防御なり"です。

(3)　解約への対応はローン作戦で

満期解約にしろ、中途解約にしろ、当然のことながら引止めアプローチを行う必要があります。顧客の感情を害するような引止めは、結果的に逆効果で、その後の取引に悪影響を及ぼします。むしろ、あっさりとさりげなく、資金使途を聞き出し、それに対応するためのローンアプローチをすることが好ましいと思います。

また、引止め工作がどうしても困難なときでも、解約日にすぐに必要でない場合は、期間や金額によって、普通貯金や総合口座定期へのセットや貯蓄貯金への依頼を積極的に行わなければなりません。

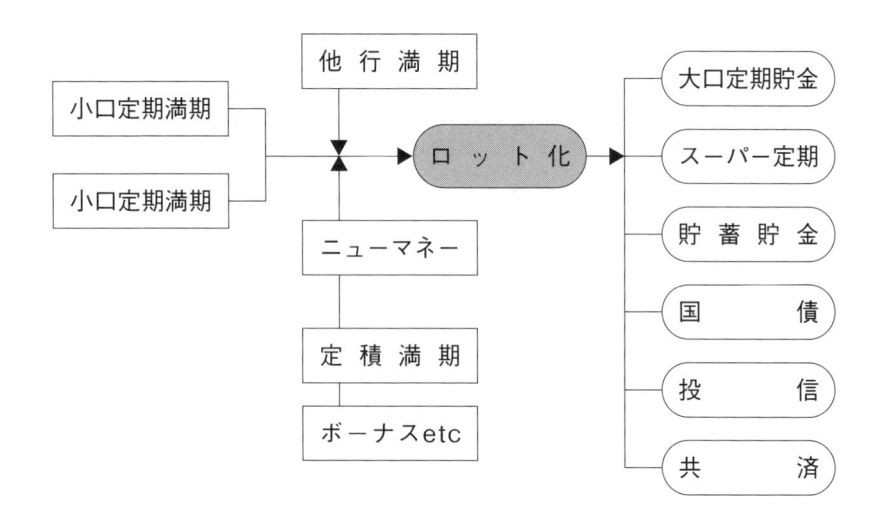

```
┌─────────┐
│小口定期満期│─┐      ┌─────┐
└─────────┘ │      │他行満期│
┌─────────┐ ├──┐   └──┬──┘
│小口定期満期│─┘  │      ▼          ┌────────┐
└─────────┘    │   ╭─────╮────▶│大口定期貯金│
               ├──▶│ロット化│     └────────┘
               │   ╰─────╯     ┌────────┐
               │      ▲    ───▶│スーパー定期│
        ┌──────┴─┐    │         └────────┘
        │ニューマネー│   │         ┌────────┐
        └────────┘    │    ───▶│ 貯蓄貯金 │
        ┌────────┐    │         └────────┘
        │ 定積満期 │    │         ┌────────┐
        └────────┘    │    ───▶│ 国   債 │
        ┌────────┐    │         └────────┘
        │ボーナスetc│───┘         ┌────────┐
        └────────┘          ───▶│ 投   信 │
                                 └────────┘
                                 ┌────────┐
                            ───▶│ 共   済 │
                                 └────────┘
```

4　営業力強化のための管理者営業活動指針

　管理者が動かなければ、業績向上はないと覚悟しなければなりません。

　競争激化の時代において業績拡大を図るために、重点顧客は、担当者との重層管理・ダブル管理が必須条件です。重点顧客に対するサービスシステムは、金利がすべてではありません。管理者が訪問することで、顧客は"自分は、ＪＡから重要だと思われている"という優越感をいだくことになり、説得力・ロイヤリティが生まれます。

　結果として、歯止め機能が働き、ロイヤルカスタマーになってもらえます。管理者の営業活動が、重点顧客の業績を左右するといっても過言ではありません。

　管理者の基本的かつ必須の営業活動の基準をチェックし、行動指針にしてください。

1　日常業務中の営業活動

　①　大口の入出金に対しては、管理者が顧客対応する

② 来店客へは、積極的にロビー対応を行う
③ 部下との同行訪問を定期的に行い、指導する

2　重要顧客への対応

① 重要顧客のリストアップ（Ａ１、Ａ２、Ｂ１ランク重点顧客）
② 定期訪問の実施
・渉外との重層管理を行い、管理者は月１回の訪問を基本とする
・大口定期貯金の満期等がある場合は、随時渉外と同行する
・訪問する際には、事前に世帯状況表をチェックし、訪問目的を確認する
・訪問内容・情報を日報等に記入する

3　定期貯金・定期積金の解約（満期・中解）への対応

　ＪＡであらかじめ決定した金額以上の定期貯金・定期積金の解約があった場合、管理者自ら対応することが重要です。
① 解約はＪＡに対するクレームだと解釈すべし
「○○様、申し訳ありませんでした。何か失礼があったのではないかと思い、お詫びに伺いました。私どもに不都合がございましたか」と、まず謝罪の姿勢をとる。
② 解約には、資金使途ありと心得るべし
・資金使途（教育資金、車購入、住宅新築等）によっては、必ずローンを積極的にアプローチすること
・解約理由が他行金利であれば、金利等を確認のうえ、ＪＡ内の他の商品で対応可能か検討し、資金が残るよう顧客を説得する
③ 特に中途解約の場合には、不正防止の観点からも管理者が必ず顧客へ訪問するなど対応を行う

4　退職者・退職金・厚生年金アプローチ

① 退職者情報管理を徹底する
② 退職金運用プランのチェックを行う
③ 渉外担当者と同行し、あいさつを実践する
④ フォローを徹底する
⑤ 退職金振込日の3日以内にお礼訪問する

5　年金アプローチ

① 予約獲得時のお礼訪問か、またはお礼状を出す
② 指定替予約時のお礼訪問、またはお礼状を出す
③ 第1回目振込日の3日以内に、お礼訪問を実施する

6　給振アプローチ

① 予約時お礼訪問またはお礼状を出す
② 見込客フォロー訪問を行う

7　住宅ローン実行先フォロー管理

① 8～10年経過先のリストアップ
② 返済ぶりチェック
③ リフォームアプローチリスト作成
④ あいさつお礼訪問と同時にリフォームのアプローチを行う

5　業績を上げる管理者、下げる管理者

　営業店の実績は、管理者能力に比例すること、間違いありません。
　店舗内を負け癖チームから勝ち癖チームへ体質改善を図らねばなりません。

負け癖チームは、目標未達に慣れてしまっています。未達であっても悔しさもない、店舗やＪＡに対して責任感もない管理者になってはいけません。

　勝ち癖チームには、プラスの学習風土があります。成功体験を共有化し、他者から学び合う気づきがあります。よい習慣の継続があり、仮説→実践→検証というサイクルが定着しています。

　一方、負け癖チームにはマイナス学習風土があり、失敗体験・やりっぱなしで反省がありません。挫折感など悪い習慣の継続です。悪い体質をよい体質に変えるには、時間がかかることが多いと考えられますが、根気よくチャレンジすることです。

　以下に日頃の活動における留意点を挙げますので、チェックしてみてください。

(1) **業績向上組の特徴**
① 基本をていねいに教えている（ＯＪＴ）
② 部下の意見をよく聴いている
③ 相談に乗っている
④ タイミングよく同行している
⑤ 業績で苦しんでいる部下に対する指示が的確である
⑥ 決められたことが徹底される体質がある
⑦ 有言実行タイプ。明確に方針を述べ、そして実行する行動力がある
⑧ ポリシーがはっきりしている。チームの方向づけができている
⑨ 言行一致。自分だけでなくチームのメンバーにも徹底している
⑩ 地域や部下の方を向いて仕事をしている
⑪ 店舗チームをよくまとめている
⑫ 業績が上がる理由が共有化されている
⑬ プロセスを重視している
⑭ 攻めのチームである

(2) 業績低迷組の特徴

① 放任主義である
② 部下の意見を聴かないで独断で処理する
③ 相談しにくい
④ 同行しない
⑤ 業績不振を他責にすりかえる
⑥ 業績に苦しんでいる部下に対する指示が曖昧である（要は「自分で考えろ」という姿勢である）
⑦ 精神論の指示が多い
⑧ 有言不実行タイプまたは不言実行タイプが多い
⑨ ポリシーがはっきりしない。意思決定ができない
⑩ 言行不一致。自分にも部下に対してもいい加減である
⑪ 本店や役員の方を向いて仕事をしている
⑫ 自分の気に入った部下とだけ付き合う
⑬ 業績が上らない理由が共有化される
⑭ 結果オーライ型である
⑮ 待ちのチームである

6 いかにしてライバル金融機関に勝つか

　右肩上りの時代、護送輸送船団方式の時代が終わり、市場が縮小する時、ＪＡバンクは地域社会において、いかにしてライバル金融機関を倒し業績を上げるか、そのパワーアップが求められています。

　勝つか負けるかというゲームの時代は、そのチームの監督としての管理者の手腕が、勝つための第１条件になっています。ライバル金融機関を倒す戦略ドメインを検討し、ＪＡバンク基本方針に沿って、ＪＡバンクのパワーを結集することも大切な条件です。ＪＡバンクはライバルに勝つための競争資源を持っています。

やるべきことを当り前にやれば、必ず勝ち残れるはずです。

1　銀行、信金も怖くない

(1)　ＪＡバンクはヒューマンバンク

ＪＡバンクの将来を悲観的に見る厳しいシュミレーションもありますが、ＪＡには伝統的な地域における人的資源を持っています。地域・組合員・顧客は、ＪＡと本当の人と人との、ぬくもりのある「ふれあい活動」を期待しています。

ＪＡのヒューマンテクノロジーを発揮し、顧客関係を良好に保つことが最大の強みです。ＪＡバンクは、モバイルバンクでもなく、ネットバンクでもなく、コンビニバンクでもなく、人間力を発揮できるヒューマンバンクです。

ＩＴが主役でなく「現場で生の情報を収集し、明確な情報提供」をし、「お客様との対面によって信頼関係を構築し、強い絆をつくる」という現場力の発揮が必要ではないでしょうか。１人ひとりの組合員のニーズを現場でくみ取り、心の満足を得られる商品開発と推進戦略による、ＪＡバンクブランドの構築こそ勝ち残るための決め手となります。

まず、管理者自ら、組合員・顧客とのふれあい活動を強化し、ホスピタリティ・エンターテインメントのある店舗づくり、ハート・トゥ・ハートの渉外活動・窓口業務のバックアップがきわめて重要です。

(2)　**定期積金再強化による信頼関係づくり**

定積を高コスト・非効率商品としてとらえるのではなく、取引を通じて顧客との接点構築を行い、フェイス・トゥ・フェイスで信頼の積立をする商品と位置づけることが大切です。

また、この商品を活用し、第二世代の顧客開拓・客づくりを行うきっかけ・戦略商品として強化をすることが、他行に対する差別化となります。結果として、顧客囲い込み・メイン化取引が可能になるでしょう。

(3) 中高年戦略のさらなる強化

　ＪＡの大口貯金者の多くは、中高年であることは間違いありません。

　中高年のニーズは必ずしもモバイルではなく、人間力・優しさ・あたたかさ・親切さ・わかりやすさがキーワードであり、ＪＡ独自の強みを生かした対応が可能です。給振→退職金→年金戦略の統合化により、シニアライフ・セカンドライフメイン化戦略に特化することで、勝者になることができるわけです。

　また、年金友の会のみの組織化でなく、さらに細分化したゴールド倶楽部・プラチナ倶楽部などの運営により、囲い込みを強化することができるでしょう。

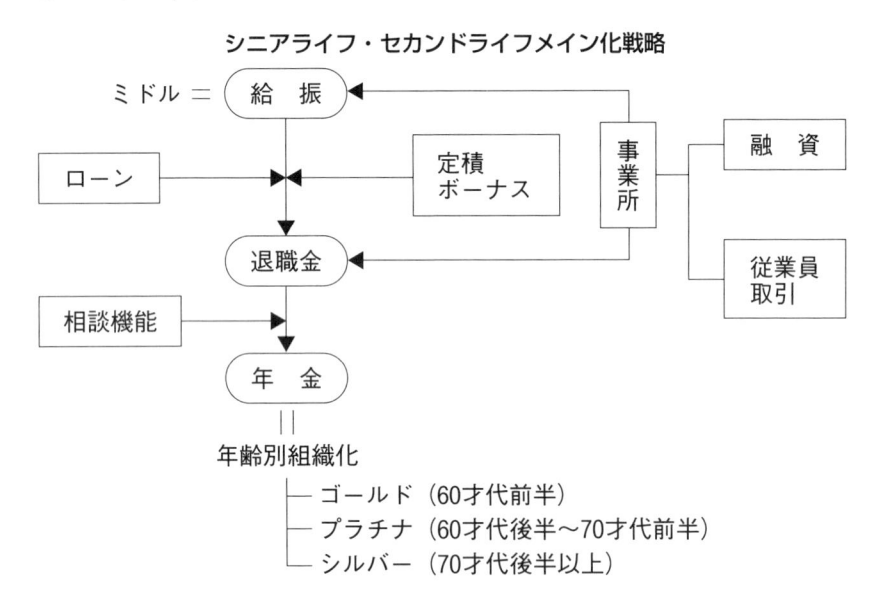

シニアライフ・セカンドライフメイン化戦略

```
ミドル＝ 給振 ←─────────┐
         ↓              │
ローン →→→ 定積     事業所 ──→ 融資
            ボーナス    │
         ↓              │   ──→ 従業員取引
         退職金 ←───────┘
         ↓
相談機能→ 年金
         ＝
     年齢別組織化
      ├─ ゴールド（60才代前半）
      ├─ プラチナ（60才代後半～70才代前半）
      └─ シルバー（70才代後半以上）
```

2　求められる地域密着、生活密着活動

　メガバンク・地銀・信金等他金融機関も個人戦略を強化しＪＡの市場攻略を開始し、ますます競争激化が予想されます。

　さらに、ゆうちょ銀行・ノンバンクの活動も脅威です。ＪＡバンクにとってライバルは、もう金融機関だけではありません。いわゆる三通

（通信・流通・交通）の電子マネーが生活資金を支配し、その流れを変えようとしています。すでに公共料金の引落し件数は、コンビニが金融機関を上回っています。

　ＪＡバンクもＪＡカードはじめ、機能性商品強化による生活メイン化、地域密着さらに渉外担当者による組合員・顧客の生活密着活動の強化を図るなど、ライバルに勝つための基盤強化が必要です。今こそＪＡの店舗総合力を発揮した顧客との絆づくりが求められています。

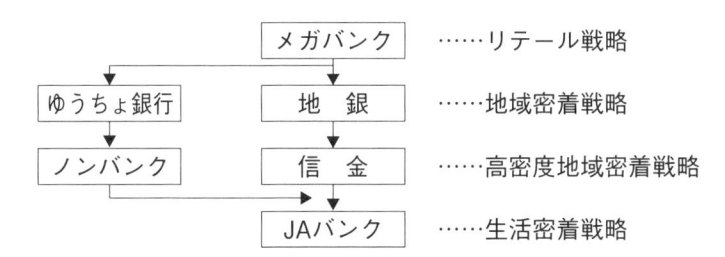

```
            メガバンク    ……リテール戦略
               ↓
  ゆうちょ銀行   地　銀     ……地域密着戦略
     ↓
  ノンバンク    信　金     ……高密度地域密着戦略
              JAバンク    ……生活密着戦略
```

■まとめ■

～部下による顧客接点構築の増強～

① 月間有効面談軒数の増強
② 営業力強化の訪問活動

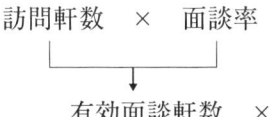

　　　訪問軒数　×　面談率
　　　└─────────┘
　　　有効面談軒数　×　成約率　＝　成果

成約率にあまり格差がないならば、いかにして有効面談軒数を増強し、アプローチスキルアップの指導ができるかが重要です

③ 訪問頻度のアップ（ランチェスター戦略の応用）

　　成果　＝　（商談時間）^{2}　×　（訪問回数）^{2}

長時間の面談より短時間の訪問頻度をアップさせる方が成果は上がります。

4 支店経営のための収益管理

　店舗長は単なる管理者でなく、経営者です。経営者故に利益を出さなければなりません。単に残高を上げるだけでは、職務を全うしたことにはなりません。経営体は利益が上がるから存在できるのであり、存在するための儲かる経営をするためには、儲かるしくみをつくることが必要です。

　管理者は、「はじめに利益ありき」の発想から始めることです。結果としての利益でなく、目標利益の考え方でないと、店舗における収益意識の高揚は困難であるといえます。

　本店からお仕着せの利益目標、資金計画からだけ算出された利益計画では受け身であり、自店はいくら儲けるべきかの発想でなければなりません。その儲ける目標を決めたら目標管理を徹底することが、真の収益管理です。

1 今なぜ収益管理なのか

　今なぜ収益管理をしなければならないか、その意味を理解してほしいと思います。

　ＪＡグループ内においては、ともすると非営利団体であるという価値観がありますが、すでに述べたように、ＪＡは奉仕団体です。非営利団体であるという考え方が、収益とか儲けるという発想を遠ざけてきたきらいがあります。奉仕団体であることの意識が収益をもたらすのです。

1　収益管理は職員を幸せにするプログラム

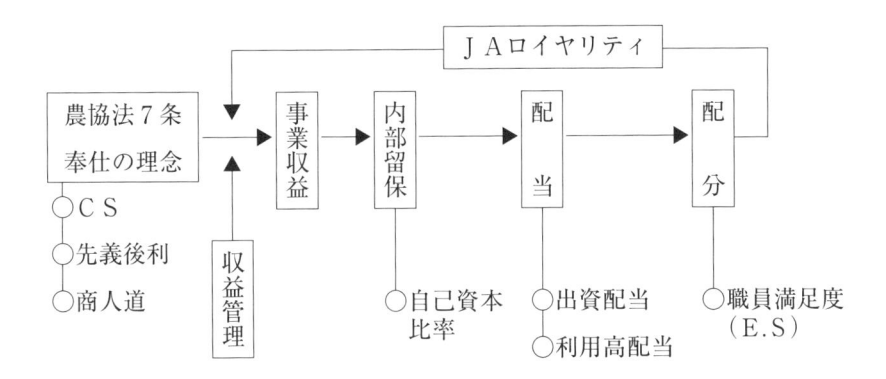

```
                    ┌─────── ＪＡロイヤリティ ───────┐
                    ↓                                    │
┌─────────┐   ┌──┐ ┌──┐ ┌──┐ ┌──┐
│農協法7条   │→ │事 │→│内 │→│配 │→│配 │
│奉仕の理念 │   │業 │ │部 │ │  │ │  │
│○ＣＳ      │   │収 │ │留 │ │当 │ │分 │
│○先義後利 │   │益 │ │保 │ │  │ │  │
│○商人道   │   └──┘ └──┘ └──┘ └──┘
└─────────┘    ↑      │      │      │
               ┌──┐    │      │      │
               │収 │    ↓      ↓      ↓
               │益 │  ○自己   ○出資配当  ○職員満足度
               │管 │    資本   ○利用高配当  （E.S）
               │理 │    比率
               └──┘
```

　収益は、業績至上主義で出るものでなく、また儲け主義で出るものでもありません。顧客奉仕という農協法7条の理念を実践することにより生み出されるものです。

　他企業に学ぶならば、あらゆる企業が、ＣＳ戦略、先義後利（先に顧客に義をつくすと利益は後からついてくる）を掲げています。

　また、かつて近江商人は、「三方良し」の商人道を唱え、「売り手良し、買い手良し、世間良し」で成果を上げました。奉仕活動を収益に結びつけるために、残高管理・契約額・供給高管理ではなく収益管理の強化なのです。

　収益が上がれば、まずＪＡ内において内部留保を行い、自己資本比率の充実を図らねばなりません。さらに余裕が生じれば、組合員のために出資配当・利用高配当を実現する必要に迫られます。そして最後は、E.S（職員の待遇改善）をめざすことがねらいです。このような充実した経営体制が確立できれば、地域においてＪＡロイヤリティは高まり、優秀な職員を採用することができ、さらにレベルアップした活動により、収益増強が図られることでしょう。

すなわち収益管理は、ＪＡの経営を安定させるため、組合員に利益を還元するため、職員の夢を実現するため、そして自分自身のためにやるべきことを全力で行うプログラムです。

2　営業店は利益を創出する職場である

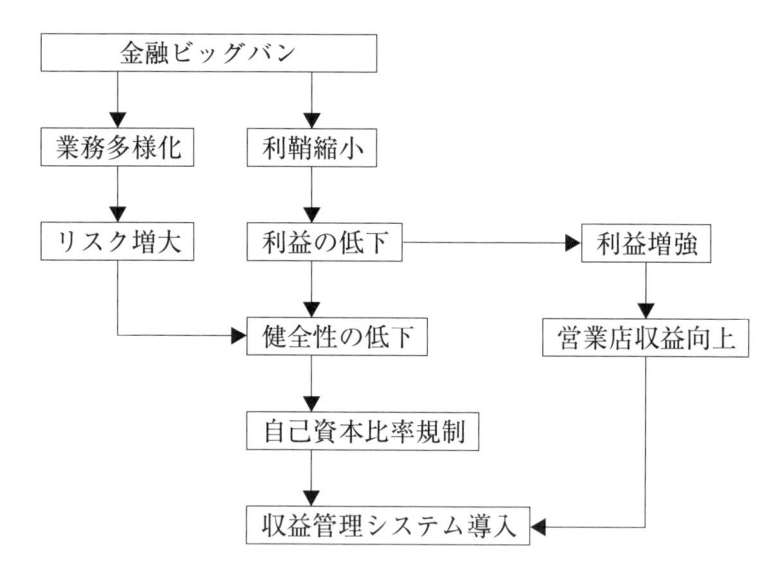

```
        金融ビッグバン
         ／    ＼
    業務多様化    利鞘縮小
      ↓         ↓
    リスク増大   利益の低下  →  利益増強
         ＼     ↓              ↓
         健全性の低下       営業店収益向上
              ↓                ↓
         自己資本比率規制
              ↓
         収益管理システム導入 ←
```

　現状の日本経済において、本店の資金運用力には限界があり、また、組織上ハイリスク・ハイリターンは非現実的です。利益は営業店において追求しなければならなくなりました。

　業務多様化がもたらすリスク増大、また、経済の変化により利ざや縮小が加速し、利益の低下が余儀なくされ、経営の健全性は低下し、自己資本比率規制が強化されました。

　この環境の中で利益増強を実現するには、営業店収益が第１であるということから、営業店収益増強を実現するための収益管理システムの導入が図られました。これが、ALM管理であり、ROEであり、ROA管理です。

2 店舗別収益管理の基本

　店舗経営にもかなりの格差があり、利益を上げている店舗もあれば、赤字店舗もあります。管理者は、収益志向型への経営スタイルに強いリーダーシップを発揮し、個々の職員の意識改革を求める必要があります。

　収益目標が達成できない店舗、あるいは収益目標を達成しても収益構造が改善されない店舗、また金融環境の変化により、大きく収益がブレる店舗も多くあります。

　このような店舗には、共通の問題点があります。第1は、店舗の職員1人ひとりが、店舗収益のしくみがよく理解できていないため、収益の源泉がどこにあり、どうすれば拡大できるかが、理解されていない場合があります。

　第2は、店舗収益において金利変動リスクを回避するためのALM的問題意識が希薄であることが挙げられます。

　第3は、世帯別収益管理と店舗別収益管理に基づく、本支店間レートのつながりがよく理解されていない場合があります。

　ここでは、収益管理のためのしくみをALMの指針になるROAを中心に理解していただきたいと思います。

1　収益管理手法の基本

(1)　ALM管理とは資産負債総合管理

　　Asset …………資産
　　Liability …………負債
　　Management……管理

　主として、本店主導で行われています。

　金融機関において活用されているバランスシートのリスク管理法です。

金融自由化という環境変化の中で、将来の金利や為替などの変動によって損失が生じるリスクを、適切に予測し管理することが、収益管理の課題になり、資産負債を個別に管理するのではなく一元管理する事が重要になりました。

(2) ROEとは自己資本利益率

$$自己資本利益率 = \frac{当期純利益}{自己資本}$$

Return……利益
On
Equity……自己資本

自己資本をどれだけ効率的に使って利益を上げているか、収益力・投資資金の運用効率を示す指標であり、経営サイドにとってはその責務である"儲ける"という能力、責任を示す指標でもあります。

(3) ROA管理とは総資産利益率

ROAは、自己資本比率規制をクリアするために不可欠の指標です。すなわち、店舗の収益向上を図るために導入される指標です。

Return……利益
On
Assets……資産

$$総資産利益率 = \frac{利益}{総資産}$$

$$ROA Ⅰ = \frac{総利益}{総資産} \qquad ROA Ⅱ = \frac{利益}{総資産}$$

総資産が利益獲得のためにどれだけ活用されているかを示す指標です。

ＪＡバンクの営業店舗の収益性を検討・評価するには、ROAⅠの管理がまず重要であり、当面ROAⅠとしては、店質ごとに差があるものの1.2%～1.5%をめざしたいものです。自店のROAⅠを算出し、比較検

討してほしいものです。

2　店舗別収益管理するための世帯別収益管理

　店舗において収益を上げるためには、収益の上がるＡ１ランク世帯をいかに囲い込めるかが勝負です。そのために渉外担当者には、常にメイン化のための訪問目的を明確にしたアプローチを心がけさせることができるのかが、決め手になります。

　いかに多くの儲かる世帯をつくれるかという目標を持たせることも必要です。

　世帯別収益管理の基本公式は、次のようになります。

　　　　貯金収益　＝　貯金平残　×（本支店間レート　－　貯金レート）
　＋　貸出収益　＝　貸出平残　×（貸出金レート　－　本支店間レート）
　――――――――
　　　　世帯収益

　本支店間レートにより店舗収益は大きく影響されますが、これは貯金に力を入れるか、貸出に力を入れるかは、政策レートになります。本店にてこのレートを確認し、以下の事例によりどのような取引先が収益に貢献するか、検討してほしいと思います。

①A氏	・大口定期	20,000千円	＿＿＿＿％	A.＿＿＿＿
②B氏	・普通貯金	100千円	＿＿＿＿％	
	・マイカーローン	2,500千円	＿＿＿＿％	A.＿＿＿＿
③C氏	・普通貯金	200千円	＿＿＿＿％	
	・定期貯金	500千円	＿＿＿＿％	
	・教育ローン	2,000千円	＿＿＿＿％	A.＿＿＿＿
④D氏	・普通貯金	150千円	＿＿＿＿％	
	・住宅ローン	20,000千円	＿＿＿＿％	A.＿＿＿＿

取引世帯の評価は、貯金残高で評価するのではなく、収益額でランク付けし、サービス体系を決定する必要があるのではないでしょうか。

やはりローン取引は、収益につながることが理解できると思います。ローン戦略強化は絶対条件です。

3　店舗別収益管理の進め方

基本公式：　　○事業総利益 − 事業管理費 = 利益
　　　　　　　○事業総利益 = 資金収益 + 役務収益
　　　　　　　○資金収益 = 資金量 × 利ざや
　　　　　　　○利ざや = 運用利回り − 調達利回り
　　　　　　　○役務収益 ≒ 手数料

① 損益分岐点 … ○事業総利益 = 事業管理費

利ざやは、一般的に総資金利ざやと貯貸利ざやがありますが、総資金利ざやを重視してください。

　　○総資金利ざや = 運用利回 − 調達利回
　　○貯貸利ざや　 = 貸出レート − 貯金レート

② 損益分岐点に必要な資金量 = $\dfrac{事業管理費}{利ざや}$

経費をまかなうためには、元をとるためには、最低でもいくら資金量が必要なのか、経費を利ざやで割るとその必要額が求められます。

管理者は常に $\boxed{\dfrac{経費}{利ざや} < 資金量}$ という発想が求められます。

③ 損益分岐点比率 = $\dfrac{事業管理費}{総利益}$

事業管理費は、本店経営を配分しない前の店舗自体の直接管理費を用いるべきです。

4 支店経営のための収益管理

```
         ┌──────────────
  70%   │  超安定店舗
         ├──────────────
         │  優良店舗
  80%   ├──────────────
         │  普通店舗
  90%   ├──────────────
         │  危険店舗
 100%   ├──────────────
         │  赤字店舗
```

　自店はどこに位置づけされるのかを確認し、店舗経営者は常に損益分岐点比率の改善に取り組まなければなりません。

　④　利益目標を獲得するには

・事業総利益　＝　事業管理費　＋　利益目標

・利益目標達成に必要な資金量　＝　$\dfrac{事業管理費＋利益目標}{利ざや}$

3　店舗別収益管理のための事例研究

　部下に収益管理の意識を持たせるために、事例研究により指導してください。

　利ざやは自店の総資金利ざやを、利率は現状の商品利率を用いて前出の公式を応用し計算してみてください。

【Q1】貸出金に延滞が発生したら、いくらの貯金が流出したことになりますか。

◇利ざや：　　　　％　　　◇年間2,700千円：利息未収

A.　　　　　千円

【Q2】手数料収入の増大は、いくら貯金を増強したことになりますか。

◇利ざや：　　　　％　　　◇年間550千円：手数料収入アップ

A. ＿＿＿＿＿＿＿千円

【Q3】① ATM1台の年間費用を賄うためには、どれくらい貯金を増強しなければなりませんか。

② ATM1台の年間費用を有料手数料収入で賄うには、1日の有料利用件数は何件ですか。

◇減価償却費　　　　　平均的取得費用

　　○ＡＴＭ本体　　　　　3,200,000円
　　○ＩＰマスター　　　　200,000円
　　○モデム　　　　　　　250,000円
　　○オンライン回線新設　306,000円
　　○電話回線新設　　　　72,800円　　÷5年×0.9＝　ⓐ
　　○警備費用　　　　　　900,000円
　　○監視カメラ設備　　　470,000円
　　○ハーフミラー　　　　35,000円
　　○オートホン装置　　　280,000円

◇運用管理費　　　　　平均的月間費用

　　○電気料　　　　　　　　8,000円
　　○ＡＴＭ保守料　　　　　28,000円
　　○リモート回線使用料　　11,860円
　　○ネットワーク利用料　　68,500円
　　○火災保険料　　　　　　　592円　　×12＝　ⓑ
　　○警備料　　　　　　　　45,000円
　　○電話料　　　　　　　　2,900円
　　○防犯カメラ保守料　　　　833円
　　○利用明細票代　　　　　4,125円
　　○ジャーナル代　　　　　1,425円

4　支店経営のための収益管理

◇利ざや（自店）　　　％

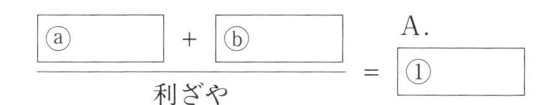

$$\frac{\boxed{ⓐ} + \boxed{ⓑ}}{利ざや} = \boxed{①}\;\text{A.}$$

◇ＡＴＭ年間稼働日　　360日

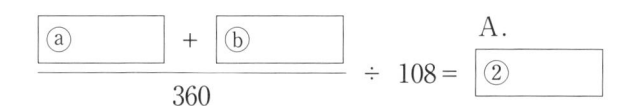

$$\frac{\boxed{ⓐ} + \boxed{ⓑ}}{360} \div 108 = \boxed{②}\;\text{A.}$$

【Ｑ４】下記の条件の収益を確保するためには、事業管理費はいくらにすべきですか。

◇資金量　　：　75億
◇利ざや　　：　　　　％
◇利益目標　：　18,000千円　　　　A.＿＿＿＿＿

【Ｑ５】下記の条件の収益を確保するためには、運用利回りをいくらに設定すべきですか。

◇資金量　　　：　80億
◇事業管理費　：　69,000千円
◇調達利回り　：　0.298％
◇利益目標　　：　15,000千円　　　A.＿＿＿＿＿

【Ｑ６】下記のとおりに普通貯金の平残アップを行い、調達利回り改善をし、ローン強化により運用利回り改善を行ったこの努力は、いくら貯金を増強したことになりますか。

◇資金量　　　：　80億
◇調達利回り　：　　　　％　⇒　0.007％ダウン
◇運用利回り　：　　　　％　⇒　0.1％アップ

A.＿＿＿＿＿

【Q7】下記の条件により、前年度収益を確保するためには、今年度の資金計画平残をいくらにしたらいいですか。

◇前年度　利ざや　：　　　％　⇒　新年度予測　　　％ダウン
◇　〃　　事業管理費：　　千円　⇒　　〃　　　　％アップ
◇　〃　　事業利益　：　　　円　⇒　前年収益確保

A.＿＿＿＿＿＿＿＿＿

収益の出る方向に部下を活動させるために、収益に貢献する担当者を育成するためにも、事例研究を通じてその重要性を指導して頂きたいと思います。

4　資金量増強戦略

資金量は、地域金融機関にとって信頼のバロメーターであり、そのボリュームアップ、スケールメリットを追求しなければなりません。資金量は、やはりJAバンクの原点であり、強化しなければなりません。

1　部下指導による人的能力のアップ

資金量増強のためには、以下の点に留意した部下の能力アップが不可欠です。

① 生産性の向上
② ライバルに負けないスペシャリストの養成
③ 競争力の強化

また、資金量増強のためには、競争的ベンチマーキング（基準設定）が必要です。JA内の平均値・基準でなく他金融機関の基準をJAに取り入れる必要があります。

④ 貯金＋貸出＝管理資金量

職員1人当たりの管理資金量をいかに増強できるか、できるならば、1人50億は管理できる能力を育成したいものです。

2　店舗内回転率のアップ

店舗内回転率のアップのためには、以下の点に留意する必要があります。

① 即断即決を心がける……部下には、常にクイックレスポンスを心がけさせる
② 情報提供のスピードアップ……情報は管理者の机の上で止めず、すみやかに流す
③ 店内手続の簡素化を図る……デスクワークを減少させる工夫をする
④ 率先垂範で行動する……管理者自らが、まず行動する
　・与えられた一定時間内に、より高い成果を出す
　・与えられた一定時間内に、より有効な活動をする時間を捻出する

5　利ざやアップ戦略

利ざやアップ戦略とは、いかに利ざやを確保できるか、わかりやすい表現をするならば、お金を安く仕入れて高く売るという基本の利益率向上作戦ということです。

1　運用利回り・貸出レートアップ作戦

運用利回り・貸出レートアップには、以下の点に留意します。

① 生活関連ローン戦略の強化である
② ローン戦略は必ずしもディスカウント戦略を意味しない
③ 各種情報収集・提供力を持つ
④ 長期貸出のウエイトを高めるために住宅関係ローンの強化を図る
⑤ 相談能力を発揮する

2　調達利回り・貯金レートダウン作戦

調達利回り・貯金レートダウンするには、以下の点に留意します。
① 推進コストダウンへの努力
　・定振率アップ
　・ボーナス併用定積の強化
　・小口定期貯金のロット化
② 渉外担当者の能力向上
③ 普通貯金の活性化（お金が集まるしくみづくり）

安定した流動性の取り込みにより、普通貯金平残アップ、普通貯金の残高比率アップを図ることにより、調達利回りダウン作戦をめざします。

④ 資金流出防止活動の強化

満期管理能力のレベルアップにより、ライバル金融機関への流出を防止します。

⑤ 給振、年金戦略強化
⑥ 機能性商品の強化

6　事業管理費ダウン戦略

事業管理費ダウン戦略は、経費節減作戦はもちろんのこと、経費の有効活用作戦も図らなければなりません。

1　経費節減作戦

経費を削減するためには、以下の点がポイントです。
① 事務コストのダウン
② ムダなオンラインコストはないかをチェック
③ 人・物・金の再配分（自分のコストに見合う仕事をさせる）

2　経費有効活用作戦

経費を有効に活用するためには、以下の点に留意します。
① コスト発想も重要であるが、投資発想も必要
② 投資としての人材育成費用の積極的活用
③ 経費使用の意思決定は事業管理費＜事業総利益で判断
④ 情報基盤の活用

部下に常にコスト意識を持たせ、原価意識を強化して活動させることが重要です。コストダウンがどのくらい資金量アップに匹敵するかを認識させる必要があります。

7　役務収益・手数料収入増強戦略

利ざや減少の時代、手数料収入比率目標を設定する必要があります。

1　手数料収入の総チェック

手数料収入については、以下の点に留意する必要があります。
① 無意味な減免はしていないか
② 項目別手数料を認識・徹底させる
③ 振込手数料増強はいくら貯金増強したことになるか理解させる

2　ＪＡカードのロイヤリティ・手数料収入目標設定

目標設定のポイントは、以下のとおりです。
① １枚当たり平均ロイヤリティは全体の受取ロイヤリティを発行枚数で割ったものであるという認識を持つ
② ゴールド会員を増強する
③ ＪＡカード手数料収入のシステムを理解させる
④ 公共料金をカードからの引落しへ積極的アプローチする

⑤　顧客に上手な利用方法を提案する

8　収益管理のための体制づくり

収益の出るしくみを理解させ、部下のセンスアップ・マインドアップの指導が必要になります。

1　収益を重視しながら業績拡大を図る

量的拡大は当然のことですが、質的目標を達成しないと収益に直結しないことを部下に徹底することが必要です。

①　質をふまえた量の増強をめざす
②　獲得主義から純増主義の徹底を図る
③　間違っても解約予約付き定期・定積を獲得しない
④　未残主義から平残主義への転換を図る

2　部下育成・人づくり対策の強化

収益は、地域顧客に対する奉仕活動によって創出されるという意識をどう持たせることができるかが重要になります。

①　プロフィットマインドの養成
②　ローンセールス力の強化指導
③　収益は、顧客奉仕により生み出されるという理念の徹底
④　効率よりも顧客第一の発想の徹底

3　店舗・人間・組織・事務の効率化

収益はすべての経営活動のバランスによってもたらされるかを理解しなければなりません。

①　情報管理の効率化
　　イ　情報の共有化

ロ　情報収集・提供のスピードアップ
　②　政策・戦略の効率化〜セクト主義の脱皮による連携プレーを〜
　③　人間と組織の効率化
　　イ　人間の自由化
　　ロ　タテ割組織の打破

4　時間管理の基本

時間は経営原価であることを認識させることが時間管理の基本です。

経営原価は人件費のウエイトがきわめて高いですが、人件費は時間に転嫁されます。すなわち、管理者は、部下の時間管理を徹底し、生産性向上を図らなければなりません。

①　**効率化の原点は原価時間の圧縮である〜利益時間をいかに多くするか〜**
　　イ　朝の利益時間（少し早く出勤し、予定計画をチェックする）
　　ロ　夕方の利益時間（終礼と翌日の準備）
　　ハ　休日の利益時間（自己啓発）
②　**時間管理の指導を徹底する**
　　イ　1日の行動計画をしっかり立てる
　　ロ　上手な目標設定をする
　　ハ　行動予定表を作成し、時間節約をする
　　ニ　仕事に要する時間の見積もりを立てる
　　ホ　仕事の優先順位を決める
　　ヘ　時間泥棒をつかまえる
　　　・自分のグズグズ病
　　　・情報の遅れ
　　　・コミュニケーション不足
　　　・知識不足
　　　・技術不足

・電話・会議・ミーティングの生産性
・役割分担の曖昧さ
・指示・命令の曖昧さ
・報告の曖昧さ
・パソコンの有効活用

■まとめ■

部下指導のための利ざや、事業総利益のつかみ方を理解させてください。

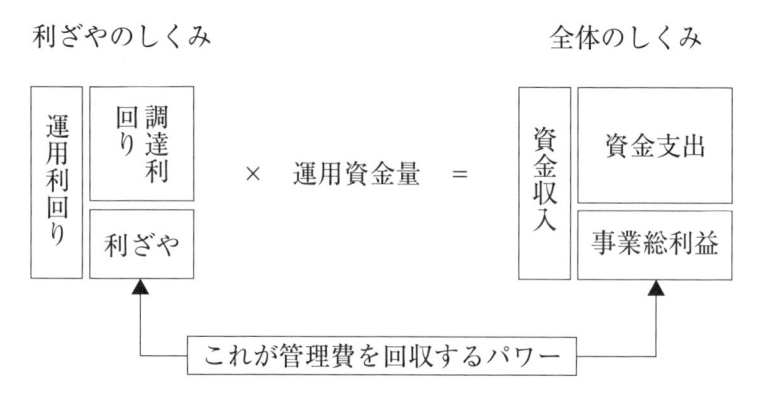

利ざやのしくみ　　　　　　　　　　　全体のしくみ

運用利回り	調達利回り	× 運用資金量 =	資金収入	資金支出
	利ざや			事業総利益

これが管理費を回収するパワー

自店の現状を把握して、それをいかにして改善するか、
営業店としての重要目標です。

・総資金利ざや　＝運用利回り－調達利回り＝　　　　％
・貯貸利ざや　　＝貸出レート－貯金レート＝　　　　％
・損益分岐点比率　　　　　　　　　　　＝　　　　％

5 収益増強の商品戦略

顧客ニーズが細分化し多様化したため、商品も細分化し多品種になった金融新時代においては、この細分化された顧客ニーズと商品をドッキングさせる商品戦略がきわめて重要になりました。

収益増強のために、どの商品をどのように推進するか、何を優先しなければならないか、そのノウハウを確認していただきたいと思います。

1 商品戦略の重要性

1 顧客ニーズの多様化

顧客はさまざまな特徴を持っており、まさに10人10色です。ここでは縦軸に固定資産があるかないか、横軸に生活を楽しむタイプなのか、貯蓄タイプなのかを置き、顧客・消費者像を4分類してみましょう。

(1) **固定資産あり生活エンジョイ型**

これは、ストックリッチと呼ばれ、あまり流動性がなく、意外と消費は堅実です。

(2) **固定資産なし生活エンジョイ型**

これは、フローリッチと呼ばれていますが、将来、親からの遺産など、固定資産が転がり込む予定の人である「かくれリッチ」と、将来ともに固定資産が入る見込みがなく、また、その取得をあきらめ、大いに生活を楽しもうという「あきらめリッチ」に大別されます。

貯蓄者・消費者像

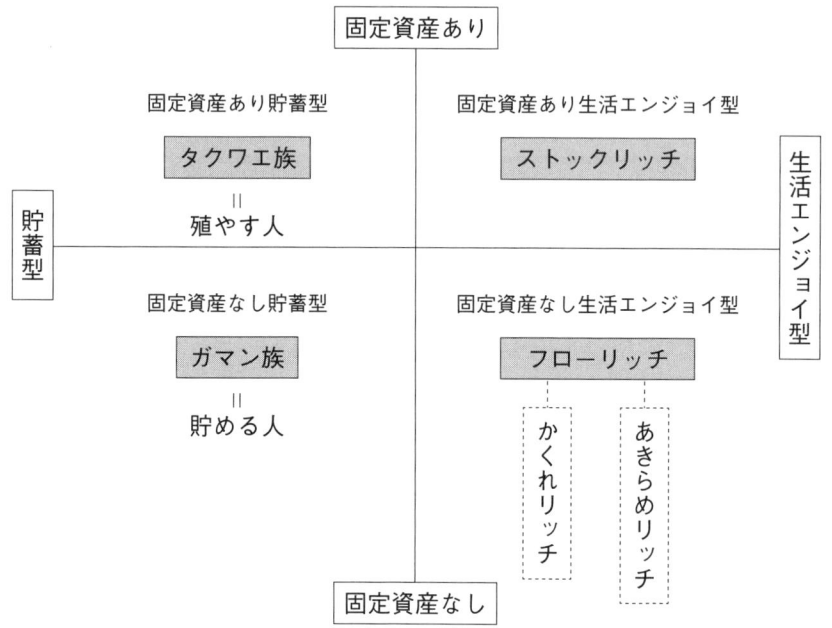

```
                    固定資産あり
          固定資産あり貯蓄型  │  固定資産あり生活エンジョイ型
              [タクワエ族]    │    [ストックリッチ]
                  ‖          │
  貯蓄型      殖やす人        │                      生活エンジョイ型
  ─────────────────────────┼─────────────────────────
          固定資産なし貯蓄型  │  固定資産なし生活エンジョイ型
              [ガマン族]      │    [フローリッチ]
                  ‖          │      ┌──┐ ┌──┐
              貯める人        │      │か│ │あ│
                              │      │く│ │き│
                              │      │れ│ │ら│
                              │      │リ│ │め│
                              │      │ッ│ │リ│
                              │      │チ│ │ッ│
                              │      │  │ │チ│
                              │      └──┘ └──┘
                    固定資産なし
```

（資料：博報堂生活総合研究所）

　フローリッチは、同じ商品を購入するにしても、貯めてから買うのでなく、買ってから後で支払うというローン利用者が多いのが特徴です。

(3) **固定資産あり貯蓄型**

　これは、タクワエ族と呼ばれていますが、使うよりもっぱら貯めるほうに関心が強く、一般的に消費には消極的です。ＪＡ組合員にはこのタイプが多く、殖やすことをめざします。

(4) **固定資産なし貯蓄型**

　これは、ガマン族と呼ばれ、使う余裕などなく、何が何でも貯めなければならないと考えている人ですが、タクワエ族のみならず、ガマン族も大切な顧客としてアプローチしなければなりません。

　これからの時代は、もうワンパターンの推進は通用しません。それぞれに対して、きめ細かい商品戦略を考えなければならないのです。

2　顧客意識の２極分化

貯蓄者・消費者像を分類してみると、「殖やす人」と「貯める人」に分類することができます。殖やす人にとっては、多少安全性は低くとも収益性を考えた貯蓄が好まれ、少しでも有利な商品に興味を示します。貯める人は、もっと貯めなくてはならない人なので、安全性を重視した貯蓄が中心になり、その貯めやすさの最高の商品が定期積金です。

これからは、推進しなければならない商品を、頼みやすい人に推進するのではなく、殖やす人と貯める人を見極め、それぞれに合った商品を推進する、顧客目線の商品戦略が求められます。

2　定積再強化と部下指導

ＪＡにとって、どんな時代になっても、定期積金はフェイス・トゥ・フェイスの重要な戦略商品です。

定期積金を正しく理解して、経営構造を強化しなければなりません。

まず、はじめに、定期積金の諸指標について、自店の実績や渉外係の実績をチェックしてください。

①鮮度率　　　＝ $\dfrac{定積残高}{定積契約高} \times 100$ ＝ 40％以下を目標とする

②契約高比率　＝ $\dfrac{定積契約高}{貯金残高} \times 100$ ＝ 10〜15％以上を目標とする

③残高比率　　＝ $\dfrac{定積残高}{貯金残高} \times 100$ ＝ 8〜10％以上を目標とする

④定振率　　　＝ $\dfrac{定期貯金への振替額}{定積（中解＋満期解約）契約高} \times 100$ ＝ 渉外係は60％以上を目標とする

⑤継続率 $= \dfrac{\text{月間定積獲得契約数}}{\text{月間(中解+満期解約)契約高}} \times 100 = 100\%$ 以上を目標とする

⑥中解率Ⅰ $= \dfrac{\text{定積中解契約高}}{\text{定積(中解+満期解約)契約高}} \times 100 = 10\%$ 以下

中解率Ⅱ $= \dfrac{\text{定積中解残高}}{\text{定積中解契約高}} \times 100 =$ 高いほどよい。30％以下にはならないように、低いのは、中途解約予約付定積である。

1 定期積金の重要性の徹底

定期積金を、定期積金のための戦略にしてはなりません。重要な経営戦略商品なのです。その3つのねらいを確認します。

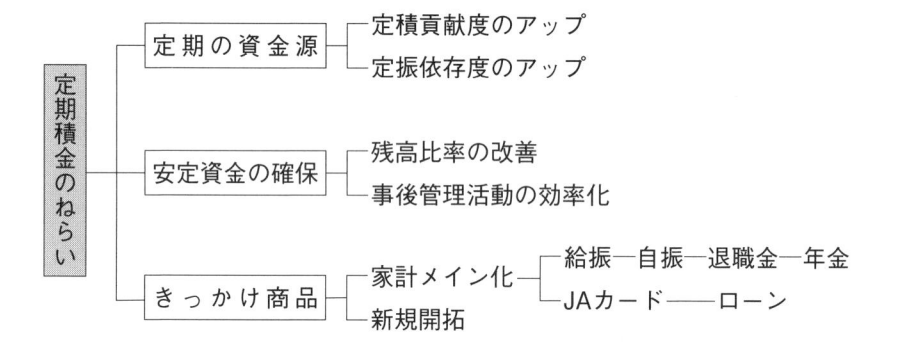

```
                   ┌─ 定期の資金源 ─┬─ 定積貢献度のアップ
                   │                └─ 定振依存度のアップ
定期積金のねらい ──┤
                   ├─ 安定資金の確保 ┬─ 残高比率の改善
                   │                 └─ 事後管理活動の効率化
                   │                             ┌─ 給振 ─ 自振 ─ 退職金 ─ 年金
                   └─ きっかけ商品 ─┬─ 家計メイン化┤
                                    │             └─ JAカード ─ ローン
                                    └─ 新規開拓
```

(1) 定期貯金の資金源づくり

第1に、定期積金（定積）は、定期貯金を増強するうえで、どうしても必要であることを再認識する必要があります。定積は、定期の資金源づくりのために強化をしているのです。

まず、定積がどれだけ貯金増加に貢献しているかを検討することが大切です。

　　a．定積貢献額 ＝ 定積残高増加額＋定振額

　　b．定積貢献率 $= \dfrac{\text{定積貢献額}}{\text{貯金純増額}} \times 100$

また、定振がどれだけ定期貯金純増に貢献しているか判断する指標が

あります。

$$c.\ 定振依存度 = \frac{定振額}{定期貯金純増} \times 100$$

　定期積金は、満期になると定期貯金に振り替えられるものです。したがって、「定期になる可能性の高い定積の獲得」を目標にすべきです。

　ただ単に契約高を上げればよいというものではありません。渉外係には、プロ意識を持たせ、定期貯金になる可能性の高い定積を獲得することを目標にしなければなりません。

(2) 安定資金の確保

　調達利回り管理のためにも、残高比率の改善に努め、年間で0.2％～0.3％改善できるように管理しなければなりません。また、事後管理活動の効率化も検討する必要があります。

　定積は、契約した時から仕事がはじまります。集金管理・中解管理・満期管理の事後管理活動を、新規・深耕開拓以上に力を入れなければなりません。そして、残高比率のアップを図り、事後管理の効率化により、早期に8％～10％の残高を確保し、資金の安定化を図る必要があります。

　定積は、3年先、5年先の貯金の予約でもあります。

(3) 家計メイン化のためのきっかけ商品

　集金活動を通じて顧客と"信頼の積立"をめざすことです。心の積立をして、信頼関係を構築しなければなりません。そして集金は、家計メイン化を図るための面談ができる重要なきっかけであり、その面談を通じて、顧客ニーズにより、どのような提案・アプローチができるかが勝負です。単純集金のみに終わると、定積は、集金コストのアップにより、高コスト・赤字商品となります。

　集金という訪問目的はありません。「○月分、○回目、○○円お預かりしました。ところで……」と、重要なメイン化のための訪問目的を明確にする指導が必要です。

　また、定積は新規開拓のためのきっかけ商品として位置づけ、戦略商

品であることを部下に理解させることが重要です。

定積取引により顧客との絆づくりをめざさなければなりません。

2　定期積金の基本的な考え方

定積をどのようにとらえるかということも大切です。ともすると、「消費性の目的貯金」としてとらえてはいないでしょうか。定積は、旅行のため、車を買うため、耐久消費財を買うためといった目的貯金ではありません。かつて物がない時代には、その購入のための積立が行われましたが、現在は成熟社会です。また、物を買うために各種ローンが開発されており、目的によっては、共済のほうが有利な場合もあります。

現代における貯蓄動機は、病気や不時の災害への備えのため、老後の生活資金、あるいは、安心のためというのが圧倒的です。

定期積金は、そのような「備蓄性の多目的貯金」なのです。いざというときのために、また子供の将来のために貯めるのが定期積金です。

定積の満期金がそっくりそのまま旅行代金になるだけでは、あまりにも情けないと思います。また、何か企画がないと、あるいは粗品がよくないと定積が獲得できないという渉外係を見かけますが、これは定積が理解できていない、甘えの証拠であり、アプローチ技術が未熟な証拠です。

「いざというときのために、将来のために100万円貯めましょう」というアプローチを、信念を持って貫くことです。

渉外係は、定積という"契約額"を売らなければならないのです。渉外係の意識改革を求める指導が必要です。

3　新規アプローチの基本

新規開拓におけるアプローチは、まず、契約額のアプローチから入ります。

「○○さん100万円貯めましょう」と、契約額という"夢"を売ること

からはじめめなければなりません。実績の上がらない人のパターンは、「5,000円掛けでお願いします」「1万円の積立をやりましょう」と、掛金からアプローチしています。

　まず、契約額をセールスし、その次に現実的な掛込可能な金額を提示して、掛金交渉します。結果として、期間は自動的に決まるわけです。掛込能力がないときは、結果として期間は5年になります。はじめから5年ものをお願いしたり、3年ものをお願いしたりするのはよいテクニックではありません。

　現代においては、期間は3年を中心に考えます。5年は今の時代のテンポを考えると、お客様にとっては耐えがたい長さでしょう。しかし、あくまでも掛込能力の差であることを理解することが大切です。100万円という夢を実現するためには、5年間辛抱しようというお客様も数多くいるのも事実です。

契約額 → 掛金 → 期間

4　継続アプローチの基本

　継続時におけるアプローチのポイントは、必ず掛金アップの交渉を行うことです。5年の100万円コースが満期到来したとすると、2つのケースが考えられます。

　まず1つは、また同じ掛金で継続するというケースです。しかし、もう5年は長すぎるから3年で、というと、継続率は60％にダウンしてしまいます。

　もう1つのケースは、事前に掛金交渉がうまくいって掛金がアップした場合でも、期間はやはり短くなって3年で100万円ということになり、何とか継続率100％を維持することができるのです。

　満期になる定積をはじめた3〜5年前とは、所得水準が上がっている

ケースも多いので、掛金を従来の2～3倍で打診して、事前交渉をしておくことがコツです。

まず、魅力ある契約額を提示し、それを固定しておいて最終的にまた掛金交渉のツメを行い、期間を決めるというアプローチの手順を身につけさせる必要があります。

掛金増額アプローチ → 契約額アップの提示 → 掛金交渉 → 期　間

5　定期・預かり資産振替へのアプローチポイント

すでに確認したように、定期貯金になる可能性の高い定積獲得がねらいです。定振も最終段階の詰めをしっかりとしないと現金支払になってしまいます。

次のことをよく理解して、アプローチを定着させることが重要です。

(1) **集金コスト吸収のための効率化である**

満期まで集金活動をしたコストも、定振になってはじめて効率化が図られます。訪問活動効率化の原点は定振にあります。

(2) **純新規の定期貯金獲得は困難である**

資金源が減少している環境下において、定期貯金の純新規を獲得することは、かなり厳しいといえます。それに比較すれば、定振は、はるかに取り組みやすいものだと思います。

(3) **満期管理・顧客管理の原点である**

満期到来の2か月前から、集中的かつ重点的に見込管理を徹底することが重要であり、定振を通じて満期管理・顧客管理体制を定着させなければなりません。

(4) **総合口座の活性化に努める**

総合口座定期の利便性を十分に説明して、定期化を図る取組みが必要です。

(5) 貯蓄貯金セールスを心がける

総合口座定期貯金が無理なら、貯蓄貯金で歯止めをかけなければなりません。

(6) ローンセールスの接点ができる

満期金を定期化しない、また貯蓄貯金でも歯止めがかからないならば、必ず資金使途があるはずですから、その目的に合わせてローンセールスを行うチャンスが生じます。そして満期金は、定期化アプローチをしなければなりません。

(7) 現払いは満期解約の10％以内にとどめる

最悪のケースでも普通貯金口座へ、一度入金するようにアプローチすることが大切です。

(8) 定振定期貯金と一般定期との差別化を考える

定振を強化するために、他の定期とは違ったサービス体系を考えてみる必要があります。わざわざ新規にアプローチする定期と違って、推進コストがかからないわけですから、その分少しサービスを向上させ、定振率を向上させるためのキャンペーン企画力・工夫が求められます。

いずれにしても、預かり資産振替率が上がらなければ定期積金は高コスト商品になってしまいます。

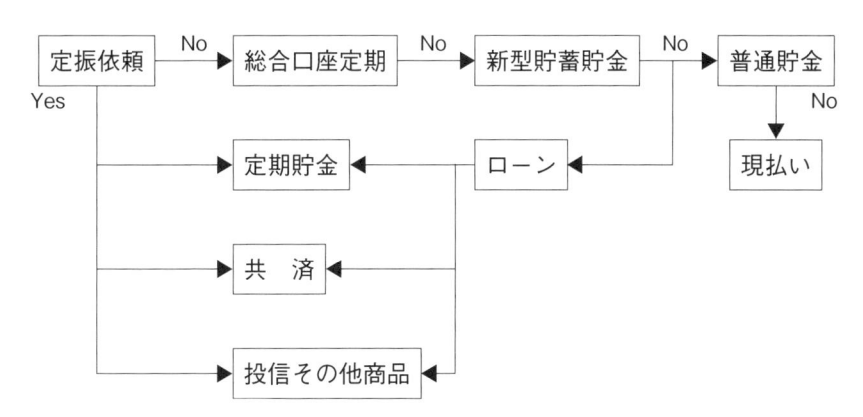

6　中途解約のポイント

中途解約率Ⅰが10％以上になったら、それは"イエローカード"であり、一度その原因を分析して対策を立てる必要があります。

$$中解率Ⅰ = \frac{中解契約高}{(中解＋満期解約)} \times 100$$

(1) 中解原因の分析の徹底

まず、中解原因の分析を徹底することが大切です。中途解約の原因には、以下のようなものがあります。

① 転居・退職・死亡など対策が不可能な場合
② 借入金と相殺する場合
③ 掛込みが困難・不能な場合
④ 長期延滞の場合
⑤ 一時資金が必要な場合

上記⑤の場合は、ＪＡによって機能が異なりますが、総合口座に定積がセットできる場合は、利便性を説明して積極的にアプローチする必要があります。

もう1つの方法として、目的によってはローンセールスの接点が生じる場合もあります。担当者別に中解原因を分析し、全員でその対策を検討する必要があります。

(2) ノルマ消化型推進の反省

中途解約率Ⅱが30％以下になったら、それは担当者のアプローチ方法を根本的にチェックしてみなければなりません。これは、中途解約予約付定積であり、多いに反省させ改善指導する必要があります。

$$中解率Ⅱ = \frac{中解残高}{中解契約高} \times 100$$

(3) 完全集金に徹する

「不在による未集金」は、期日集金に対する顧客の信頼感が不足して

いる証拠だと思うことです。よく反省して、日程や時間を厳守した誠実な集金を心がけなければなりません。

ＪＡによって新型定積が発売されていますが、そのセールスポイントを整理して、顧客のライフスタイルに合わせた、顧客志向の、手作りの定積戦略が求められています。定積という戦略商品を強化することにより、新しい時代のＪＡの基盤を確立しなければなりません。もう１度、定期積金とは何であるかを部下に徹底・理解させることが重要です。

3　定期貯金増強とメイン化戦略

貯金増強の原点は定期貯金であり、囲い込み作戦として、貯金安定化のためにどうしても強化しなければならない戦略です。

1　定期性貯金メイン化

個人貯金増強の最終目的は、ストック貯金の増強、すなわち各種定期貯金や定期積金の増強であるといえます。依然として定期貯金を貯蓄手段とするニーズが高いのは、安全性・流動性・利便性において、他の金融商品よりすぐれているからです。

まず、総合口座に定期貯金をセットして活性化を図ることが基本となります。家計のフロー資金とストック資金を合わせて吸収できるメイン化の重要商品です。総合口座の定期のセット率を60％以上に引き上げたいものです。

これがベースになって、定期性貯金メイン化がはじまります。定期積金・財形・スーパー定期・貯蓄貯金、そしてローン取引、さらに国債・投信へと広がりを見せます。

2　ボーナス定期化の推進ポイント

ボーナス定期の獲得は、定期貯金の原点となる活動でもあります。獲

得金額の目標達成は、当たり前ですが、ボーナスキャンペーンでは、件数目標も重要視しなければなりません。

　　　単価　×　件数　＝　金額

現状においては、預入れ単価は下がる傾向にあり、件数でカバーすることがポイントになります。

(1)　ボーナスアプローチリストの作成

給振対象をはじめ、過去の取引者・次世代・サラリーマン世帯など地区内の顧客を、渉外担当者には、１人当たり100先以上はリストアップさせなければなりません。

(2)　ボーナスシーズンの訪問活動

ボーナスシーズンは自店舗にも他行にも満期があり、満期管理もポイントです。また、このシーズンは他行からの呼び戻しの絶好のチャンスでもあります。いずれにしても、リストアップした先にいかに訪問頻度を上げるかが、決め手になります。

　　　リストアップ数　×　訪問頻度　×　成約率　＝成果

(3)　第１次訪問

キャンペーンは、日頃取引をしている顧客に対する半期に１度の感謝祭であり、誠意を持ってキャンペーン内容のＰＲ訪問を強化しなければなりません。同時に、ＪＡカードはじめ機能性商品のアプローチを指示することも大事です。

(4)　第２次訪問

機能性商品アプローチのフォローを兼ね、支給日の確認、できれば予約を行うこともポイントです。

(5)　第３次訪問

ボーナス定期の獲得訪問であり、支給日翌日までの訪問を心がけたいものです。

(6)　第４次訪問

重点顧客には、管理者同行によるお礼訪問が求められます。同時に次

回のキャンペーンアプローチ、また退職金情報収集なども意識させることがポイントであり、フォロー活動強化が必要です。

3　家計メイン化ランクアップ目標の設定

メイン化は、漠然とした活動では実現しません。毎日の訪問活動において、それぞれの目標を確認しながらアプローチする必要があります。

世帯別メイン化アプローチリスト

上段：現状
下段：目標

氏　名	現状ランク	目標ランク	取引残高	定期	定積	総合口座	貯蓄貯金	給振	年金	ローン	自振 TEL	自振 水道	自振 ガス	自振 電気	JAカード
野村一郎	B1 →	A1	10,500	○	○	○	○			○	○	○	○	○	○
山田二郎	A2 →	A1	8,500 10,000	○	○		○	○		○					
古田三郎	C3 →	B2	1,500 3,000								○	○	○	○	

① 世帯別の現状取引とランクをチェックする
② ランクアップのためには何をアプローチすればよいかを検討する
③ 世帯別にランクアップ目標を設定し、それにともなう深耕アプローチ商品と項目を決定する
④ 訪問活動リスト表を携帯し、訪問直前に再確認する
⑤ 常にアプローチ実績を記入し、修正目標を作成する

家計メイン化活動強化により、早期にＡⅠランク世帯を20％以上にするように目標設定しなければなりません。そのために、毎年ＡⅠランク世帯を何世帯増強するか、世帯取引状況表を分析・検討し、そのランクアップのステップ目標を設定しなければなりません。

Ａ・Ｂ・Ｃの質的ランクアップも重要ですが、その結果は、量的ランクアップの成果として現れなければ意味がありません。原点の定期性取

引メイン化の強化が求められます。

4 セカンドライフメイン化のための年金戦略

　個人貯金を制覇するためには、どうしても年金市場を制覇しなければなりません。

　給振のねらいは、退職金を獲得し、年金を獲得することに尽きます。ＪＡの給振顧客が年金顧客にならないケースがあってはならず、中年市場を開拓強化することにより、年金市場を支配し生涯取引を完成しなければなりません。重要な市場ゆえに、銀行によっては"年金バンク"をめざす特化戦略を展開する金融機関も現れました。

　ＪＡには、戦いに負けない競争資源があります。キーワードはやさしさ、親切さ、暖かさ、わかりやすさ、親しみやすさであり、それを活かして強い絆を構築しなければなりません。

1　年金戦略のねらいは経営基盤の強化

　年金戦略は、ただ年金を獲得することが目的ではありません。年金市場において、ＪＡバンクは、トップシェアをめざす純増目標が必要です。

　年金世代は、必ず老後の生活安定のために貯えた貯蓄があります。信頼関係を構築し、退職金獲得・貯金メイン化・生活メイン化により、セカンドライフ・シニアライフメイン化戦略の強化で調達基盤の安定化を確立しなければなりません。ただ年金を獲得するだけでは、定期は銀行へトンネル口座になりかねません。本来のねらいを再確認してもらいたいと思います。

2　アプローチに際しての留意点

(1)　50歳前半への早めのアプローチこそが年金市場を制する

　年金の獲得に際し、新規の推進にのみ、支給年令間近になって力を入

れてもそう簡単にはとれません。なぜなら、これから年金を受給しようとする人も、すでに年金を受け取っている人も、長年にわたるいくつかの取引金融機関があり、新密度もかなり高くなっているものです。これを奪取しようとするのですから、難易度は高くて当然です。

したがって、年金獲得を重視するならば、50歳当初からアプローチを開始するのが望ましい戦略です。この世代の取引は、生涯取引につながる可能性が大であるということも認識し、まず、退職金をいかに獲得するかが重要です。その信頼関係で、年金受取予約をいかに勝ち取るかです。

(2) 年金知識を身につけることは前提条件である

年金アドバイザー等の資格も必要で、その情報をわかりやすくデモブックにまとめておくことも重要ポイントです。

(3) 根気よくアプローチする

心が通い合うまで訪問し、根気よくアプローチしなければ、信頼関係は生まれません。取引条件だけでは、絆は獲得できないでしょう。

(4) まだ老人ではない

あまりお年寄り扱いをしないことが肝心です。元気なシルバー層が多く、老人会と名のつくサークルは不人気であり、年寄りくささのある年金友の会という名前すら毛嫌いする方もいるくらいですので、注意が必要です。

(5) 各顧客の属性やライフスタイルを十分に認識して個別対応をする

この階層にはいろいろな生活条件があります。1人暮らしであったり、老夫婦2人の生活であったり、いずれ子供達と同居する予定の世帯もあったりとさまざまですから、日頃から情報収集に努めなければなりません。

(6) 相談機能を充実させる

この世代は孤独な人も多く、相談機能を充実させ、生活提案型セールスを心がけることが重要です。そのためには、日頃から信頼される行動

をすることが大切です。

3　年金アプローチのポイント

(1)　年金アプローチに必要な情報を収集する
① 氏名・住所・性別
② 生年月日
③ 職業・加入年金
④ 家族の状況

　これらの年金情報を収集しなくてはなりませんが、年金相談カードを利用すると、さらに詳細な情報がとれるでしょう。

(2)　年金ニーズの覚醒と情報提供活動
　日常の訪問活動において、年金取引ニーズを刺激する質問をし、それに対する情報提供を心がけることが重要です。

(3)　年金振込口座を紹介する
　年金振込のための受け皿を獲得することが前提であり、自信を持ってＪＡでの年金受取りが便利なことを強調し、総合口座の開設を勧めることが第1歩です。

(4)　裁定請求書・支払機関変更届でアプローチする
　新規受給者には裁定請求書で、既受給者には支払機関変更届けでアプローチするので、常に実際の用紙をそろえて携帯することが大切です。

(5)　ＪＡのセールスポイントを活かす
　ＪＡの年金受取りのメリット・特色を情熱を持ってアプローチすることが求められます。

(6)　デモブックの整備―成約率アップのポイント
　情報は、見える化しアプローチしなければ説得できません。
　以下に、デモブックに盛り込むべき基本的内容を挙げます。
① 年金の受給条件
　各年金の受給開始年齢や各年金制度における特例をわかりやすくまと

めることです。

② 年金の受給手続

手続上の留意点や裁定請求から年金受給までの流れ、所要日数などを研究し、わかりやすく図案化するのもよいでしょう。

③ 国民年金額・厚生年金額の計算

正確な算定額は専門家にまかせるとして、デモシートには基本的・標準的な年金額の算出方法を取り上げておくとよいでしょう。

④ ＪＡ全商品の紹介

⑤ ＪＡ貯金商品の紹介

⑥ 振込口座となる総合口座の紹介

⑦ ＪＡの独自性のＰＲコーナー

日常活動において、さりげないツール活用が信頼関係向上につながります。また、管理者によるセカンドライフメイン化先への定期訪問体制も重要な決め手になるでしょう。

4　ファイナルステージはセカンドライフ・シニアライフメイン化戦略

ＪＡバンクにとっては、年金受給者という顧客表現をしますが、その顧客にとってはきわめて重要な第二の人生であり、いかにして充実したシニアライフを送るか、重要なステージを迎えています。

中国の古い思想では、人生は、冬から始まるといわれます。「玄冬期」を過ごし「青春期」を迎え、そして家族をつくり、企業に社会に貢献する「朱夏」を終え、「白秋」実りの秋を迎えているわけです。

これから本当の意味でのわが身の幸せを実現しようとするこの世代のよきパートナーとして、ＪＡバンクはサポートしなければなりません。

ＪＡバンクとともに歩む豊かなシニアライフ・セカンドライフをプレゼンテーションしなければなりません。

5　ローン戦略と部下指導

　各ＪＡとも個人ローンへの取組みを強化しています。かつては、貯金吸収が店舗管理者の大きな役割でしたが、今やローンを売らなければ、よい店舗管理者として評価されません。最近では、渉外係も貯貸併進は、常識です。しかし、ローンの量的拡大は、収益に必ずしも結びつくとは限りません。

　ローン商品の金利は、「調達コスト＋推進コスト＋リスク＋利益」という算式で設定されています。ローンは、借入手続を簡単にして条件を緩めると、それだけリスクは高くなり、一方、リスクを抑えようとすればそれだけ手続は煩雑になり、条件は、より厳しくなります。安易なセールスや審査は、不良債務者や多重債務者を生み、延滞管理やその他、事後管理に追われ、まったく非効率、高リスクの商品になりかねません。

　ローンは事業所融資に比較すれば、ロットは小口で、人手がかかる商品で、運用コストは高くなりがちであり、量的拡大に合わせて融資事務の効率化を常に検討しなければ、収益には結びつかないのです。

　要するに、ローンは、優良顧客の囲い込みによって、はじめて収益に貢献できるのです。「待ち」から「攻め」のスタンスをとり、優良顧客をどう開拓するかが決め手であり、そのコンセプトは、貸すも親切、貸さぬも親切、すすめぬも親切であり、この考え方を、いかに部下に徹底できるかが重要です。

1　ローンセールスの指導ステップ

　攻めのローンセールスを展開するために、最初から難易度の高い純新規に取り組むには、問題が多すぎます。ローンセールス力の早期養成を図り、着実に能力開発をするためには、まず簡単なことから指導を行い、案件処理を通じて基本を習得させることが大切です。

(1) ステップⅠ―定期性の満期解約・中途解約対応は、ローンセールスのチャンス

　定期性の解約には、必ず資金使途があります。その資金使途の中で、ニーズを把握し、ローン対応することで、資金流出防止が可能になります。

　この顧客は、限りなく優良顧客であり、ローンに対して興味を示さないケースも少なくありませんが、今日的社会環境を考慮し、流動性資産の保有の重要性を強調し、ローンアプローチを積極的に行うことです。

(2) ステップⅡ―既存貸出先の管理・フォロー

　従来の貸出先を徹底管理して、基本をマスターすることが大切です。
　延滞先の追求・フォローをし、原因を把握し、さらに引落し口座のメイン化を推進し、延滞防止のアプローチをしなければなりません。

① 既存貸出先の新資金ニーズへのさらなる対応

　それぞれの世帯構成員の情報管理を強化して、それぞれの個人の生活スタイルを把握し、そこから生まれる新資金ニーズへ対応することが必要です。

　車、住宅の増改築、進学、趣味、結婚など、あらゆるライフステージから　多種多様な資金ニーズが生じます。この既存貸出先に関しては、審査も容易なはずです。足元を固め、優良顧客をしっかりと確保することが重要です。

　いずれにしても、貸しっぱなしは言語道断です。厳しく指導・徹底すべきです。

② 住宅ローン、フォロー管理の事例
　　・住宅ローン実行後10年経過先のリストアップ
　　・返済ぶりのチェック（優良顧客の選別）
　　・リフォームローンアプローチリスト作成
　　・ＤＭ
　　・管理者によるお礼訪問

・リフォームローンのための渉外による定期訪問体制

(3) **ステップⅢ―完済・償還管理（ローンの満期管理）**

定期性の満期管理が重要であるように、ローンの満期管理も重要であり、優良顧客囲い込みのためのポイントでもあります。

優良顧客に対しては、積極的に継続利用のアプローチをしなければなりません。

○マイカーローン償還管理事例
① 6か月先の完済予定者リスト出力
② 返済ぶりチェック（優良顧客の選別）
③ 継続アプローチリスト作成
④ ＤＭ
⑤ 訪問 ┬ YES→直接継続率アップ ────────┐
　　　　└ NO →返済余力　　　　　　　　　├リピーター
　　　　　　　→定期積金→間接継続率アップ ┘

直接継続利用者を、いかに確保するか、また継続利用しない顧客にも、数年後の利用をめざし、返済余力を定期積金にし、次のチャンスを逃さないようにアプローチして間接継続利用者を増やすことにより、リピーターを確保し、安定性を図ることができます。

短期間のローンは償還も早く、リピート率をアップしないと、残高増加は困難になります。

(4) **ステップⅣ―貯金既取引先の情報管理によるアプローチ**

定期積金取引先は、ローンセールスに最適な顧客ともいえます。

定期積金は、そのためのきっかけ商品であり、集金活動を通じてローン情報の収集に努めなければなりません。この取引先も、審査・管理が比較的容易であり、ここまでで、かなりの量的拡大が図れるはずです。

○車検情報収集先の事例
① 6か月先の車検到来先のリストアップ
② 取引ぶりのチェック

・公共料金の引落しぶり
　　　・ＪＡカードの引落しぶり
　　　・購買未収金チェック
　　　・生活ぶりのチェック・定期積金掛込状況　etc
　③　マイカーローンアプローチリスト作成
　④　ＤＭ
　⑤　訪問

(5) **ステップⅤ―純新規先へのアプローチ**

　ローンを新規開拓のきっかけ商品として位置づけることは重要ですが、慎重に取り組む必要があります。アプローチには、住宅業者からの取次紹介、各業者、知人、友人の紹介があり、また、マスメディアを使ったアプローチもあります。そして、最後に、情報収集をベースにした新規開拓活動があります。

　いずれにしても、ここで本当のセールス力・審査能力が試されるのです。その能力格差が、優良顧客に貸し出すか、不良債務者・多重債務者に貸し出すかの別れ道になります。

　まず、ステップⅠからⅣにおいて、ローン実務の基本を習得させ、そのうえで純新規セールスを実践すべきです。この機会に、部下に基本をしっかりと指導し育成することが急務となります。

2　商品別アプローチポイント

(1)　増改築ローンと借換アプローチ

　今や、住宅の増改築市場は10兆円産業へと成長しました。この市場をどのように制するかは、ＪＡにとってもきわめて重要なテーマであり、リフォームローンは収益貢献度も高いと思われます。

　増改築の金額は、決して安くないにもかかわらず、ローンの利用度が少ない市場と見られてきました。しかし、市場規模の増大とともに、各金融機関、信販各社の積極的なリフォームローンへの取組みなどによっ

て、この市場は急激に活発化しています。スムーズな金銭管理対策の一環としてローンを利用するケースが急増しました。

　今後は、マンションのリフォーム、高齢者世帯のリフォーム・バリアフリーも急成長が期待されています。この魅力ある増改築ローンのアプローチポイントを整理してみましょう。

　①　住居に関する多様な資金使途に対応できる商品であり、住居取得後の年数経過によりライフスタイルが変化し、かつ生活水準が向上したことにより、住宅環境整備の資金ニーズが発生しています。

　②　増改築は、台所、バスルーム、トイレ等が中心であり、どれも主婦が消費リーダーであることから、主婦にどうアプローチするかが決め手になります。女性は、女性が説得する方が成果が出るということから、女性職員が増改築ローンに積極的に取り組んでいるJAもあります。

　③　顧客管理を基本に、渉外係による店周活動を中心とした"攻めの商品"です。

　④　住宅情報による借換アプローチの強化

　　イ.建築年度、ロ.建築構造・間取り、ハ.過去の増改築の実績、ニ.現実に増改築を予定しているか、また予定していればその箇所、ホ.住宅ローンはどこで借りているか、を把握することで、借換プランアプローチが容易になります。要するに、住宅そのものの"満期管理"を強化することです。ヘ.信頼関係において、他行利用の場合は返済計画書の預りをアプローチ、ト.借換プラン提案書の作成、チ.他行攻略を心がけることです。

　⑤　築後20年以上経過先は、特に建替ニーズに注意する必要があります。

(2) マイカーローン

　マイカーローンは、どのJAにおいても積極的に取り組んでいる商品ですが、待ちのセールスだと不良債権となる率も高くなります。純新規の取引先が多い場合は、それも当然の結果です。もう一度原点に返り、

既存取引先を中心に攻めのセールスを強化しなければなりません。

① 車検情報の徹底管理

ＪＡにおいては、あらゆる部門から車検情報が集まるはずです。渉外・窓口はもちろん、共済、購買、ガソリンスタンドにおいても収集できます。

支店内において、車検情報管理体制は確立されているでしょうか。「集める→貯める（パソコンまたは帳票へ）→活用する」の仕組みづくりが必要です。車検満了日の遅くとも６か月前からアプローチすることが重要です。

② 他部門との連携

ＪＡのガソリンスタンドを利用しても、マイカーローンのポスターやパンフレット・チラシをいまだ見かけることが少ないのが現状です。

ＪＡは、せっかく総合事業を展開しているので、総合アプローチを心がけるべきです。購買の車両部門との連携で、キャンペーンやイベントを企画することも必要ではないでしょうか。これは、他金融機関にはできないＪＡの差別化戦略です。

(3) **カードローン**

カードローンは、ローンというよりも、むしろ機能商品として位置づけるべき商品であり、給与振込対象者、定期積金契約者を中心にアプローチすべきです。

信金等においては、定期積金の中途解約防止策、または定期振替強化策の一方法として、このカードローンの機能を活用しているケースもあります。

この商品は、先数も重視しなければならない商品ですから、ボーナスアプローチの事前活動と併行して、給振対象者に徹底して売込みをしてはどうでしょうか。カードローンは、機能的には、生活サポート商品です。いざという時の生活予備システム・生活サポート商品としての機能を売ることが実績向上に直結します。

(4) 教育ローン

　教育ローンは、ポピュラーな商品ですが、取組み方によっては非常に魅力ある商品に成長します。早めのアプローチを行い、12月までにキャンペーンを終了させるぐらいの姿勢で、優良顧客の確保に努めなければなりません。そのために、ＪＡならではの企画力が求められます。

　早めに申し込んだ方へのサービスとして、旅行業務と連携して受験の宿をお世話する等、いろいろと工夫をし、事前申込の徹底を図ることが重要です。

① 　9月～10月に進学者情報収集キャンペーン
② 　取引ぶりのチェック
③ 　アプローチリスト作成（10月下旬）
④ 　DM発送（教育ローンパンフ、受験の宿のパンフ）
⑤ 　訪問活動・提案書の活用（受験・入学費用の試算が可能なもの）
⑥ 　第1次　　11月下旬締切（推薦入学者対象）
⑦ 　第2次　　1月下旬締切（一般入学者対象）

　教育ローンのキャッチコピーは、「お子様の進学を応援します」「お子様の進学のお手伝いをさせてください」がポイントであり、これがコンセプトでもあります。受験費用、入学一時金、生活準備金、毎月の仕送り、授業料それぞれのニーズに対して、トータルアプローチする事が重要となります。

6　機能性商品戦略と当座性メイン化戦略

　フロー資金をアプローチするために、機能取引の拡大によるメイン化を進めなければなりません。ここで、フロー資金の受け皿となる普通貯金の特性を理解しておく必要があります。

　まず、普通貯金は転換性があり、残高が多くなれば、他の貯金科目や決済資金に移り替えられるということです。しかも、普通貯金の残高が

一時的にどこかへ転換されても、普通貯金は復元性があり、後日必ず一定水準まで戻るという２大特性を有しています。この２大特性を活かす普通貯金の活性化策があります。

1　受取機能のメイン化〜お金が入るしくみづくり〜

(1)　給振口座の獲得

給与を自動受取機能でＪＡに吸収できる給振口座の獲得は、家計メイン化の推進上、最も重要な項目です。給振は、家計の生活口座である普通貯金の平残アップのために、また生活メイン化のために、どうしても必要なものです。

(2)　年金振込口座の指定獲得

長期にわたるお金が入るしくみです。

(3)　農業収入・農外収入および配当金・利金・不動産収入の振込口座の獲得

給振や年金に比較すると対象先は少ないですが、配当金・利金を受け取る階層は資産家が多いため、歩留りも高く、貯金残高にも貢献します。農畜産物代金はもちろんのこと、組合員の農外収入・家賃収入を押さえることも重要です。

2　決済機能のメイン化〜お金が出るしくみ〜

メイン化を進めるための決済機能としては、次のようなものが挙げられます。

①　電気・電話・ガス・水道等の公共料金の自動支払
②　ＮＨＫ・新聞代の自動支払
③　税金の自動支払
④　年金保険料の自動支払
⑤　ＪＡカード等の利用代金の自動支払
⑥　アパート・マンションなどの家賃・地代・管理費などの自動支払

⑦　学校の授業料の自動支払
⑧　定期積金・共済掛金の自動支払
⑨　ネットショップの代金決済

　お金の出るしくみをつくることは、お金が入るしくみでもあります。積極的に決済機能のアプローチを行う必要があります。

3　JAカードによるメイン化

　JAカードキャンペーンは、獲得が目的ではありません。いくら獲得しても退会率が多くては意味がありません。
　JAカード推進のポイントは、以下のとおりです。
　①　カード保有者の利用率を高め、普通貯金の平残アップがねらいです。したがって、アプローチに関しては、JAカードの効用性・有利性・機能性を売ることが大切です。決して、JAカードを売ってはなりません。JAカードを売るだけでは、利用率は上がりません。
　②　カードの活性化により、カード会社から手数料をいかに獲得できるかが重要であり、経営改善のためのJAカード戦略であることを再認識すべきです。
　③　A1・A2・B1ランク重点顧客には、積極的にゴールドカードを勧めることも重要です。
　④　貯金取引では収集できない情報が多く取ることができます。この情報をメイン化のために活用することです。

4　貸出機能によるメイン化

　総合口座には定期性貯金をセットしたり、カードローンをセットすると、決済機能はさらに活性化され、利便性が強化され、メイン化が進みます。総合口座への定期のセット率目標を設置し、積極的な提案活動が求められます。

■まとめ■

- ●商品多様化への対応
    ① 能力の多様化
    部下にクラスター能力（複合専門能力）を身につけさせる
    ② 資格取得を積極的に応援
    ③ デモストレーションブックの充実
    ・貯金関連・自由金利商品用
    ・年金用
    ・ローン一般用
    ・住宅ローン用
    ・提案書の設計
- ●訪問目的別に準備の管理指導を徹底させる
- ●商品戦略を経営改善目標のための商品と認識させる
- ●なぜその商品戦略を強化しなければなならないのか、「Why」を管理者自らの言葉で語りかける

6 地域密着強化戦略と顧客管理

　JAバンクの生き残りの戦略ドメインは明白で、それは地域社会に根ざすための地域密着・生活密着活動であり、そのための営業力強化です。

　そして、次代をつなぐ新時代の顧客開拓・第二世代のメイン化戦略が求められます。

　現在は、取引先・組合員・顧客・地域社会との共生・共感の時代であり、その地域密着が重要になります。地域の繁栄なくしてJAの繁栄なく、農家組合員の繁栄なくして、JAの繁栄はないのです。さらに職員とJAの共生も重要です。共生時代のJA地域密着戦略のレベルが問題となります。

　「地域金融機関」とは「一定の地域を主たる営業基盤として、主として地域の住民・地元企業および地方公共団体等に対して金融サービスを提供する金融機関」と定義づけられており、JAも一定の地域を主たる営業基盤としていますから、その地域をはなれて営業は成り立たないのです。

　JAは、組合員のみならず、地域基盤に基づく経営基盤を確立しなければならない使命があります。地区外取引主体は問題外です。ここでは、地域密着戦略の基本を確認することとします。

1　地域密着経営強化の再認識

　JAは、広域合併を推進し、経営改革に取り組み、全国的にも経営の

健全性を確保し、その成果が示されました。しかしながら一方で、組織基盤・顧客基盤の弱体化が進行しています。

1　店舗統廃合によるエリア拡大

店舗統廃合により、各店舗ともに管理すべきエリアが広域化し、地域における真の協同活動・密着活動が弱体化する傾向が見受けられます。

2　職員削減によるふれあい活動の減少

人員削減やパート比率の増大、人事異動サイクルの短縮などの要因により、組合員や地域住民とのふれあい活動をする時間的余裕がなくなっています。

組合員とＪＡとの距離が広がりつつあるのではないでしょうか。

3　組合員構成の変化による協同組合意識の低下

農家数の減少・世代交代・准組合員比率の増大などにより、ＪＡ職員にも組合員との協同活動・協同組合意識が希薄化しつつあると思われます。

このような環境下で、ＪＡが将来にわたって組合員・地域から支持され、農協法８条の理念であるＪＡ組合員の満足度の実現により経営基盤をさらに強化するために、地域に根ざした最も身近な存在である店舗・店舗管理者の役割がキーポイントになります。今こそ、地域密着型店舗経営が期待されています。

2　地域密着4指標

ＪＡバンクとしての地域密着とは単なる理念ではなく、それを実現するための具体的活動目標を設定し、成果を出し、経営に貢献しなければなりません。

そのためには、経営を安定させる指標が必要になります。

それは決して残高目標至上主義ではなく、質的改善目標が重要になります。

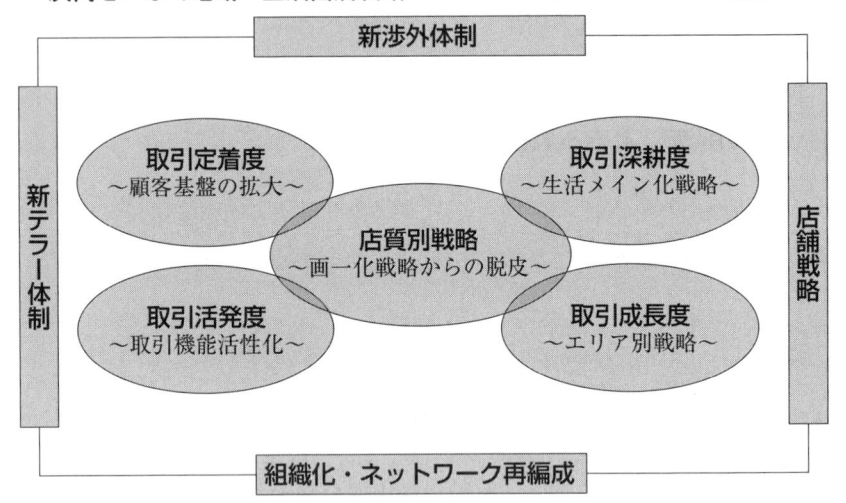

次代をつなぐ地域・生活密着戦略〜JAバンク生き残りのための営業力強化〜

```
                  新渉外体制
        ┌─────────────────────────┐
        │  取引定着度         取引深耕度  │
    新テ │ 〜顧客基盤の拡大〜  〜生活メイン化戦略〜│ 店
    ラー │       店質別戦略            │ 舗
    体制 │    〜画一化戦略からの脱皮〜    │ 戦
        │                             │ 略
        │  取引活発度         取引成長度  │
        │ 〜取引機能活性化〜  〜エリア別戦略〜│
        └─────────────────────────┘
              組織化・ネットワーク再編成
```

1　取引定着度〜JAバンク顧客管理基盤の拡大の重要性〜

どのくらい地域に根ざしているかの原点になる指標です。そのためには、新規取引世帯・新規顧客を開拓し続けなければなりません。

店舗は、その地域の1人でも多くの顧客に、1件でも多くの世帯に取引してもらうために存在しているのですから、この取引定着度が悪い店舗は閉店候補になります。

① 軒数シェア $= \dfrac{\text{JA地区内取引世帯数}}{\text{地区内世帯数}} \times 100$

② 先数シェア $= \dfrac{\text{JA地区内取引先数}}{\text{地区内人口}} \times 100$

③ 口数シェアⅠ $= \dfrac{\text{JA地区内取引科目別口数}}{\text{地区内人口}} \times 100$

③　口数シェアⅡ ＝ $\dfrac{\text{科目別口数}}{\text{支店内取引先数}} \times 100$

2　取引深耕度〜生活メイン化戦略の強化〜

複合取引をいかに進めるか、世帯状況表活用による世帯別・客別ランクアップ目標の設定が必要です。取引深耕度がアップしないと、取引の効率化は実現せず、店舗としての収益は上がりません。

① 当座性メイン化（質的メイン化）……Ｃ→Ｂ→Ａランクアップ作戦
② 定期性メイン化（量的メイン化）……5→4→3→2→1ランクアップ作戦
③ 世帯メイン化ランクアップ作戦
　　Ａ１ランク・Ａ２ランク・Ｂ１ランク（重点管理世帯）→Ａ１ランク……20％へ
④ 客別メイン化ランクアップ作戦

3　取引活発度〜利用率アップ〜

取引が定着し深耕されたら、次は、その取引を継続的に活発化し、普及活動ではなく利用率の追求が必要です。いかにして機能性・効用性をプロモーションし、利用率を高めるかが勝負です。取引活発度が低いと店舗経営は不安定になります。

① ＡＴＭ１日当たりの利用件数
② ＣＤ１人当たり１か月の利用回数
③ ＪＡカード利用率
④ 総合口座定期のセット率
⑤ 店舗１日当たり来店客数
⑥ 為替機能の月間利用件数

4 取引成長度～地域別貯金・貸出増加率の増強～

　管理者は常に店舗の貯金・貸出残高増加率は意識していますが、半期または年間で地域の特性を把握・分析し、次期または次年度の対策を立案しなければなりません。

　オン帳票を活用し、地区コード別・資格別・科目別に分析し、地域戦略を検討することが必要です。ＪＡは、貯金・貸出ともに地区内利用が原則です。

地区別・資格別貯金増加率分析（参考フォーマット）

地区コード	正組合員	准組合員	員外	計
Ａ町				+2.5%
Ｂ				△2.0%
Ｃ				+1.5%
Ｄ				△1.0%
〜	〜	〜	〜	〜
計	△1.5%	+2.5%	+2.0%	1.5%

　どの地区が苦戦しているのか、資格別には問題はないか、地区担当者は誰か、現状分析により具体的戦略が見えてくるはずです。

　店舗全体の増加率のみでは、具体策は立案できません。

　抽象的な地域密着活動ではなく、具体的経営効果を上げなければなりません。

　４指標が地域密着の判断基準となります。単なる組合員のみならず、地域金融機関であり続けるならば、この４指標をめざした店舗経営が求められます。

3　エリアマネジメント

　管理者は、与えられた地域を管理し、その地域特性により、いかに営

業活動ができるか、その能力が問われています。

1　ＪＡにとっての地域の定義

　ＪＡが生き残るためには、地域金融として地域の特性を分析把握し、その地域に根ざしたＪＡとしての活動をすることが求められます。

　まず、ここでいう"地域"という言葉を確認しておきたいと思います。

　私たちは、どういう地域を対象として活動すればよいのでしょうか。関東・関西・東北地方などという地域経済圏を指しているのではありません。その地方における主要都市または県庁所在都市のような都市経済圏でもありません。これは、都銀やデパートの商圏です。

　私たちが対象とするのは、"日常生活圏"といわれる地域です。

　総務省の区分によると、それは、約１km²であるといわれ、スーパーの商圏であったり、小学区であったり、主婦が気軽に買物をする範囲のことをいいます。

　ＪＡの支店は、そういう地域に存在しているのであり、１km四方、すなわち半径500ｍの範囲は徹底的に管理しなければなりません。金融機関も、このエリアを重点地区に設定するケースが多くあります。その地域もさまざまな特性があります。

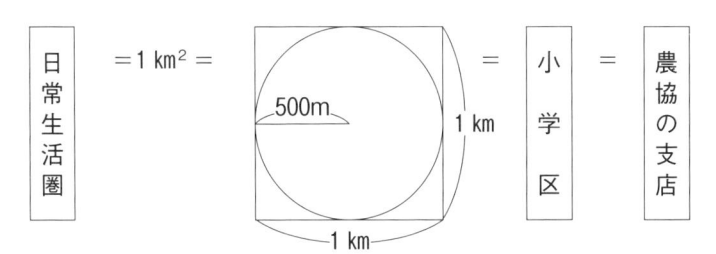

日常生活圏 ＝ 1 km² ＝ （500m／1 km） ＝ 小学区 ＝ 農協の支店

(1)　地域の特性

地域は複雑な顔を持ち、それは次のような要因から差異が出てきます。

①　**地域によって社会的特性が異なる**

世帯数・人口・産業・事業所数・組合員数・准組合員数・員外数など

これらの数や比率により、特性が生じます。

② 地域によって生活特性が異なる

生活する人々の価値観や、優先順位や、生活習慣が違っており、生活そのものにも特徴があります。

③ 地域によって流通特性が異なる

商業構造・施設によって、その地域の人の流れは変化し、ネットワークの違いによって、活性の度合は異なります。

④ 地域によって競争相手が異なる

地域によりＪＡの取引シェアは、大きく異なり、また、競合金融機関のパワーには格差があり、それによって戦い方は異なってきます。

⑤ 地域によってＪＡの競争資源が異なる

地域でのＪＡの歴史・イメージ・渉外係の力など、競争するためのパワーが異なります。地域は、同じ表情をしているところは、ほとんどありません。

この５つの差異を正しく把握し、問題点を整理して、管理者はどう戦っていくかという戦略決定をすることが重要です。

(2) 担当地域の分類

店舗管理者は、自店の担当地域を分類し、それに基づいて何をしなければならないかを確認する必要があります。まず、縦軸に取引シェアが高いか低いかをとり、そして横軸に市場性が大であるか小であるかをとってみると、地域を４つに分類することができます。

シェアが高く、市場性も大である地域は、ＪＡにとっても最重要エリアで、優等生エリアであるといえます。この地域は、何が何でも死守しなければならず、さらに深耕作戦を展開なければなりません。したがって、バランスのとれたパワーのある渉外を配置しなければなりません。

課題となるのは、市場性が大であるのに、シェアが低い地域で、まさに問題児エリアなのです。この地域は、ひたすら新規・切替作戦を行い、何とかしなくてはならないエリアです。徹底的に攻めの活動をしなくて

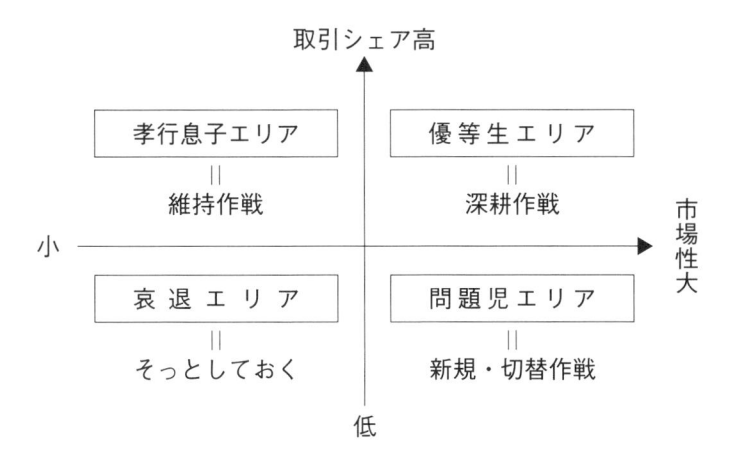

```
                    取引シェア高
                         ↑
     ┌─────────────┐     │    ┌─────────────┐
     │ 孝行息子エリア │     │    │  優等生エリア │
     └─────────────┘     │    └─────────────┘          市
           ‖             │          ‖                  場
          維持作戦        │         深耕作戦             性
  小 ────────────────────┼────────────────────→        大
     ┌─────────────┐     │    ┌─────────────┐
     │  衰退エリア   │     │    │ 問題児エリア  │
     └─────────────┘     │    └─────────────┘
           ‖             │          ‖
        そっとしておく     │       新規・切替作戦
                         │
                         低
```

はなりません。したがって、この地区は、行動力ある精神的にも強い担当者が適任となります。

一方、市場性はあまりないけれど、シェアは高いという地域もあります。JAにとっては、孝行息子エリアであり、大事にしなければなりません。そのために誠実な活動に努め、維持作戦を展開することが効果的です。このエリアは、新人を育てるには、よい地域です。

市場性はなく、シェアも低い地域もあります。これは衰退エリアと呼ぶことができます。この地域にいくら力を入れてもあまりメリットはなく、そっとしておいた方がよい地域です。

地域をしっかりと見極めたうえで、そのエリアごとの活動方針を決定し、部下に指示する必要があります。渉外係の担当地域を決定したり、町丁別に分類し地域管理をする指針となるべき考え方です。

2　地域管理のしかた

(1) 地域管理の基本

まず、地域を重点地区・準重点地区・その他地区に分けます。

重点地区のねらいは、JAの総合機能を発揮して、取引件数シェア80％以上をめざさなければなりません。開拓方法は、軒から軒へロー

ラー作戦を行い、新規開拓を強化する必要があります。また、この地区は、店頭誘致を心がけ、来店を積極的にアプローチしなければならない地区です。

次に、準重点地区は、当然のことながら支店から少し遠くなるわけで、訪問管理により、新規開拓よりも、深耕開拓に重点をおくことになります。面の活動が難しく、スポット開拓により、通りから通りへと、線の活動が中心になります。

その他地区は、取引維持管理が中心で、むしろ他店との調整をしたり、移管を進めたりしなければならない地区です。したがって、点から点の活動もやむを得ない地区です。

	重点地区	準重点地区	その他地区
目　　標	・総合機能の発揮 ・件数シェア80％以上	・訪問管理 ・新規よりも深耕	・取引維持管理 ・他店との調整
開拓方法	・新規開拓 ・軒から軒へ（面） ・店頭誘致	・スポット開拓 ・通りから通りへ（線）	・点から点の活動

管理者も渉外係も与えられた一定地区内でどう業績を上げることができるかが重要で、地域管理をする責任が当然あるわけです。

どこでもよいから実績を上げさえすればよいというわけではありません。

正しい地区管理の発想がないと、目先の実績を追い求め、とんでもなく遠い地区の開拓を行ったり、地区外活動のウエイトが高くなり、部下の活動はまったく非効率になります。地区外取引は、極力低くおさえたいものです。支店総合力により、いかに地区内取引シェアを上げるかが重要です。

(2) **渉外係の重点地区と担当件数**

金融機関においては、一般的に支店より半径500ｍくらいを重点地区として設定していますが、ＪＡの場合には、まず組合員世帯を中心にど

う管理するかを優先させ、そして店周強化をプラスして検討すべきです。

優等生エリアをどう守り、問題児エリアをどう攻略するかということも合わせて検討しなければなりません。

〈標準担当件数〉

- 1日有効訪問件数……30〜35件
- 月間有効訪問件数……540〜630件
- 月間平均訪問回数………………
  - Aランク　2回
  - Bランク　1回
  - Cランク　0.5回
- 担当件数……………
  - 実質世帯（ＪＡの営業時間内に地域で生活している世帯）450〜530
  - 名目（行政データ）800〜1000

それでは、標準的には、担当件数はどのくらいが妥当なのでしょうか。

担当地域の特性により、かなり格差がありますが、1日の有効訪問件数を30〜35件として条件設定します。月間稼働日数は、会議・研修その他の行事を考慮すると、17〜18日しかとれないのが現状です。

月間の訪問件数は、18日×（30〜35）件＝540〜630件ということになります。

月間訪問回数を平均で1.2回とすると（540〜630）件÷1.2回＝450〜530件が標準的な担当管理件数となります。

しかしながら、最近の地域状況を見ると、共稼ぎ世帯などが多くなっているため、ＪＡの営業時間内の地域生活者はかなり減少しており、実際の担当件数は、約40％アップして800〜1000件が標準であるということになります。

これは、自分の所属している支店が農村型店舗なのか、混住型なのか、都市型なのかによってかなり違ってくると思われます。

部下に、適正な地区を適正な件数、担当させるべきです。

4　自店内地域分析

　JASTEMオン帳票や官公庁データを活用し地域分析を行い、今後の地域戦略を明確にしなければなりません。

1　分析の基本

(1)　地域密着4指標の活用とオン帳票による利用分析実績表の作成

地区名	世帯数	人口	組合員世帯	定期	定積	普通	ローン	自振	年金	共済
○○町1丁目										
〃　1丁目										

地区名	貯金残高	ストック貯金	予想シェア	件数シェア	先数シェア	普通貯金先数シェア	定期先数シェア	定積先数シェア	共済件数シェア	保険貯蓄シェア
A町1丁目										
B町2丁目										

(2)　地区内標準的ストック貯金の算出による貯金シェアの分析

　JAバンクの場合、事業所資金・フロー資金を除外し、ストック資金のみをとらえることが妥当と思われます。

〈DATA〉
　　・一般世帯については、金融広報中央委員会のデータ活用
　　・農家世帯については、各地方農政局統計事務所のデータ活用

a．一般世帯ストック貯金 ＝ 一世帯平均貯蓄額×預貯金率×一般世帯数
b．農家世帯ストック貯金 ＝ 農家世帯平均貯蓄額×預貯金率×正組合員戸数
c．地区内ストック貯金 ＝ 一般世帯ストック貯金＋農家世帯ストック貯金
d．地区内ＪＡ貯金予想シェア ＝ $\dfrac{店舗地区内貯金残高}{地区内ストック貯金} \times 100$

地区内ストック貯金が多い地区は、市場性が大という解釈ができ、ＪＡ貯金シェアが高い地区は、優等生エリアであると判断できます。

2　地域分析の事例研究

事例研究により、地域分析の仕方、地域管理の基本、渉外担当者の指導指針を確認してください。

部下に個人目標を与えるだけでは、管理者としての責任を果たせません。自店舗内地域管理をどう戦略的に行うか、エリアマネージャーとしての資質が問われます。

〈地区分析　ケーススタディ１－１〉

①　ＪＡバンク中央

協同支店の概要　　貯金残高　平成Ｘ年３月末　12,250百万円
　　　　　　　　　管内世帯数　　3,620世帯（内組合員670世帯）
　　　　　　　　　管内人口　　　14,856人
　　　　　　　　　渉外担当者　　3名

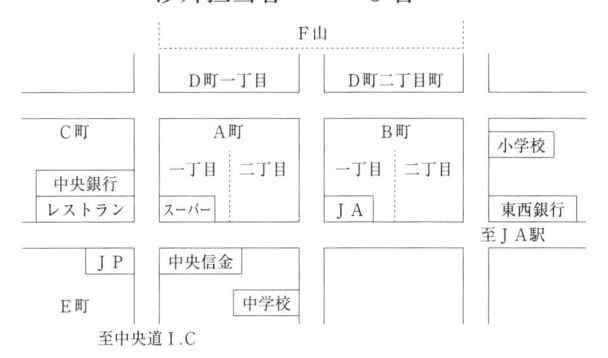

```
                    F山
         ┌─────────┬─────────┐
         │ D町一丁目 │ D町二丁目町 │
┌──────┐ ├────┬────┼────┬────┤ ┌──────┐
│ C町  │ │ A町 │    │ B町 │    │ │小学校│
│中央  │ │一丁目│二丁目│一丁目│二丁目│ │      │
│銀行  │ ├────┴────┤    │    │ │東西  │
│レストラン│ │スーパー │ │  ＪＡ  │ │銀行  │
└──────┘ └─────────┴─────────┘ └──────┘
                                    至ＪＡ駅
         ┌────┬─────────┐
         │ JP │ 中央信金 │
         │ E町 ├─────────┤
         │    │ 中学校  │
         └────┴─────────┘
            至中央道 I.C
```

127

② 渉外係Aさんの担当地区の概要
1　担当地区…………A町1、2丁目、B町1、2丁目、D町1、2丁目、
2　社会的特性………総世帯数　997世帯（内組合員154世帯）
　　　　　　　　　　人　　口　3,490人

〈地区分析　ケーススタディ1－2〉
　かつて、純農村地区であったが、急速に混住化が進んでいる地域である。
　A町1丁目、2丁目の一部は、昭和50年頃開発された住宅地で、C町、E町には平成5年大規模団地が完成。同時に中央銀行・中央信金もオープン。
　最近、特に銀行もリテール戦略を強化し、JPバンク・信金によるD町の農家攻略も激化している。
　JAから銀行・信金までは、約500m、東西銀行までは約800m。
　昔は、JAが地域の中心であったが、団地の完成、中央自動車道I.Cへのバイパスの完成とともに、スーパー・レストラン・郵便局・銀行・信金地域が中心となり、人の流れも変わってきた。
③　経済的特性
　農家の主産物は野菜中心であるが、あまりカンバしくない。
　住民の大部分はサラリーマンであるが、銀行・信金周辺の商店は活性化されている。
④　金融特性

中央銀行	残高	350億	営業	4名
中央信金	残高	200億	渉外	5名
東西銀行	残高	250億	営業	4名
JPバンク	残高	不明		

6 地域密着強化戦略と顧客管理

渉外Aさん担当地区データ

(単位：人、軒、百万円)

地区名	世帯数 組合員	世帯数 員外	世帯数 計	取引世帯数 組合員	取引世帯数 員外	取引世帯数 計	人口 組合員	人口 員外	人口 計	取引先数 組合員	取引先数 員外	取引先数 計	貯金残高
A町1丁目	5	269	274	4	37	41	24	841	865	5	99	104	58
A町2丁目	11	230	241	10	69	79	53	705	758	22	208	230	355
B町1丁目	22	150	172	22	64	86	58	526	584	41	144	185	551
B町2丁目	31	100	131	31	34	65	151	368	519	61	96	157	571
D町1丁目	47	55	102	47	25	72	230	202	432	126	88	214	1125
D町2丁目	38	39	77	38	7	45	186	146	332	149	96	245	949
計	154	843	997	152	236	388	702	2,788	3,490	404	731	1,135	3,609

Q1　Aさんの担当地区の財源（ストックのみ）を調べ、それぞれのシェアを求めてください。

(単位：百万円、％)

地区名	ストック貯金 農家世帯	ストック貯金 一般世帯	ストック貯金合計	予想貯金量シェア	軒数シェア	先数シェア	残高割合
A町1丁目							
A町2丁目							
B町1丁目							
B町2丁目							
D町1丁目							
D町2丁目							
計							

○算式は127頁参照

分母は世帯数　分母は人口　分母は3,609百万

地区分析検討表

Q2　Aさんの担当地区での現状の問題点と、今後の重点施策を検討してください。

	現状の問題点	今後の重点施策
A町1丁目		
A町2丁目		
B町1丁目		

B町2丁目		
D町1丁目		
D町2丁目		

Q3　Aさんの地区管理の行動基準を作成してください。

○月間訪問件数

○1日当たり訪問件数

○地区別活動方針

○開拓重点地区

○深耕・満期管理最重点地区

5　顧客情報管理の強化

　地域市場の完全把握は、最終的には、その地域市場を形成している組合員・顧客の情報を管理することになります。情報はきわめて重要な、経営戦略にとってのキーファクターです。それゆえ、過剰な活動が個人情報保護法の成立につながりました。

　ただ、個人情報保護法を意識するあまり、消極的になってはいけません。適正な情報収集を行い、適正に活用することが求められます。特に必要な情報は属性情報であり、この情報を活かし、いかにメイン化するか、情報管理能力をアップさせたいものです。

1　顧客管理の重要性

　顧客管理とは、何を意味しているのでしょうか。それは、顧客に関する情報の管理をすることであり、さらに顧客の貯蓄行動の管理をすることです。

(1)　貯蓄動機の変化

　まず、貯蓄動機に変化が見られ、従来上位を占めていた住宅保有動機

に代わり、老後の生活安定のための備蓄が急増しました。その結果、安全性・収益性・流動性を考慮した預貯金率が低下、自由金利商品などその他貯蓄が増加しました。

顧客の貯蓄動機を把握し、個別のポートフォリオを作成し、顧客ニーズに基づくアプローチをしなければ業績は上がりません。

(2) 主婦の社会的進出がもたらす家計収入の多元化

主婦・女性が社会に進出し、就労することにより、家計収入には夫の収入以外に妻の収入が加わり、複数化してきました。つまり、家計収入の"ダブルポケット化"が促進され、その結果、金融行動が個人化をはじめました。

家計収入が多元化することにより、家計ではなくなり、個計化・個産化したといわれます。金融行動がますます多様化し、個人化が進み、顧客は個客になりました。

すなわち、家計メイン化は、当然のことであり、客別メイン化も強化しなければならなくなります。そのために、顧客管理はさらに細分化し、複合的な管理を強化しなければなりません。

2 顧客管理に期待すること

顧客管理をすることによって、何を部下に期待するのか、そのねらいを確認しておきたいと思います。

(1) 取引を継続する管理

いくら新規顧客をふやしても、一方で既存取引先が解約されてしまっては、業績の向上は期待できません。したがって、既存取引先をＪＡにいかにつなぎ止めておくか、取引を継続させるかが活動の原点となります。取引継続の管理においては、満期管理と集金管理の質が重要になります。

(2) 取引を深耕する管理

取引深耕の管理は、世帯取引管理と複合取引管理に大別されます。

世帯取引深耕は、１世帯当たりの取引先数・口数の拡大の推進で、基本的には１件で３先９口座以上をめざしたいものです。
　また、複合取引は、世帯のフロー取引のメイン化・当座性メイン化をめざし、ストック取引のメイン化・定期性メイン化を推進することをねらいにしています。

(3)　将来ＪＡの取引先になるであろう見込客の管理

　新規訪問活動により見込客を発掘し、定期訪問を繰り返し、ＪＡ取引にまで結びつけなければなりません。客づくりのための情報管理が求められます。

(4)　顧客管理のための部下指導ポイント

　顧客管理の意義を徹底し、情報獲得目標を明確にして、その活用を指導しなければなりません。

① 顧客情報の収集・管理を強化すること
② 正確な顧客データを蓄積すること
③ データ分析により推進項目を明確にすること
④ 顧客別推進目標の設定をすること
⑤ 顧客別ニーズに対応した提案型推進活動を実践すること
⑥ 効率的・理論的推進活動の強化をすること

3　世帯状況表の活用

　世帯状況表は、訪問活動にとって不可欠のものです。貯蓄率が低下し、さらに預貯金率が低下している今日、他行との激しい競争に勝つためには、顧客取引情報が特に必要なのです。部下に対して、データベースを基にした提案型活動の指導が不可欠です。

① 世帯状況を読みとり、ランクアップ目標を設定する
② ニーズを把握し、訪問目的を明確にすることにより、商談時間を短縮することが可能になる
③ 異動の際の引継ぎが効率的に行われ、新任担当者にとっても効果

的である

　世帯状況表は、担当者個人のものでなく、ＪＡのものであり、いつでも誰でも活用できるようにしておく必要があります。ただし、個人情報保護法に基づき厳重に保管・管理することが重要です。

4　情報の管理と活用方法

(1) 情報の管理とは

　情報は、有力新規取引先の開拓や、既存取引先のメイン取引推進と目標達成のために有効なすべての事実や知識である、といわれています。

　その情報を管理するということは

① 　入手した情報を分析し
② 　どんな場合でも
③ 　誰でも
④ 　有効に活用できるように
⑤ 　整理・保管すること

であると定義づけられています。

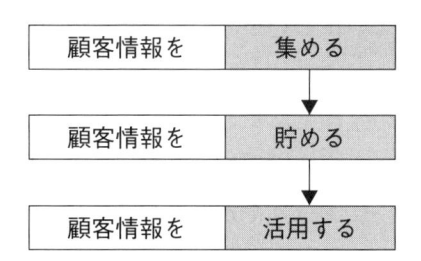

顧客情報を	集める
顧客情報を	貯める
顧客情報を	活用する

　推進活動などで、あらゆる手段においてまず情報を集めます。

　そのためには、収集する感性を磨かなければなりません。そして、集めた情報は、紙とコンピュータの組合せで上手に貯めておかなければなりません。

　情報や過去のデータは、未来に活かすためのものであって、積極的に活用しなければ意味がありません。管理者中心の情報収集力が経営基盤

の決め手になります。

(2) 情報の種類

- 他行情報
- 退職金情報
- 年金情報
- 土地代金情報
- 転出入情報
- 振込指定情報
- 給振情報
- ボーナス情報
- 財形情報
- 保険金情報
- 車検情報
- 車購入情報
- 進学者情報
- 就職者情報
- 住宅新築情報
- 増改築・リフォーム情報
- その他ローン情報
- 競合商系他社情報
- 農業関連情報
- 消費者情報

◎ヒアリングポイント・ルッキングポイントによる収集能力アップが必要です。

(3) 情報収集の留意点

① 情報収集には感性と人とのつき合いが大切である

職員は、多くの人との出会いを求め、広いネットワークを持つ必要があります。

② 支店内は情報の宝庫である

窓口担当者をはじめ、支店内、他事業担当者全員に、情報に対する関心を持たせ、入手した情報は速やかに情報メモにより、共有化される体制づくりが大切です。

③ 情報は早く入手する

他金融機関よりもいかに早く情報をつかむかが重要で、古い情報では役に立ちません。情報も鮮度が決め手になります。

④ 情報は数多く集める

手持ち情報はいつも豊富にして、あらゆる角度から大量に集めるよう心がけることが大切です。

⑤　**情報は正確でなくてはならない**

情報は早く、そして数多く集めることが大切ですが、正確でなければ何の意味もありません。俗にいうガセネタでは、活用できません。

⑥　**情報はどこにでもころがっている**

情報は、身近なところからいくらでも見つけることができます。日常活動の中にも数多く埋もれており、それを情報と気づかずに見捨てていることも多いものです。

⑦　**情報を入手したら速やかに報告させる**

⑧　**情報は、店舗の実績に直結させなければならない**

収集した情報は、単なる情報にとどめず、店舗の業績向上にどうやって貢献させるかを徹底しなければなりません。

5　顧客関係性管理で地域・顧客密着型経営へ

顧客の情報管理体制を確立し、真の地域・顧客密着型経営に変身するうえで、基本になる考え方が顧客関係性管理でＣＲＭ（カスタマー・リレーションシップ・マネジメント）と呼ばれています。このＣＲＭは組合員・顧客を軸とした統合的・ＪＡ組織的な事業改革活動であり、2つのポイントがあります。

(1)　**三型システムをＥ型システムへヨコの統合を行う**

渉外・窓口・融資やさらに信用・共済・営農など、三型のバラバラの体制で行われている組合員・顧客との接点を、一元的に統合するのがＥ型システムです。

これは、総合事業の真のメリットを引き出すシステムであり、タテ割の弊害を打破するものです。組合員・顧客の1人ひとりのデータを蓄積・分析し、情報を共有化して組織的な一元化を図る、ワン・トゥ・ワン・マーケティングを強化するものです。

(2)　**データ解析による顧客戦略の展開**

これは、組合員・顧客に関するデータベースを蓄積するだけでなく、

あらゆる角度で掘り下げ、解析・洞察を引き出して顧客戦略を組み立てることであり、タテの統合です。

CRMによりヨコとタテの有機的統合をすることによって、組合員・顧客との接点強化を図り、顧客を開拓し、囲い込み、取引収益性の改善効果を生みだすことを考えていくことです。顧客情報を活用しながら、サービス向上により差別化を図ります。

組合員・顧客に、"ＪＡ取引をやめ、他の金融機関に切り替えるのは面倒だ、メリットがない"と気づかせるような戦略を構築するところに、管理者の重要な役割があります。

それは、顧客情報を過去のタテ割り組織によるしがらみを断ち切り、横断的に管理できる組織に変えるために、カスタマー・オフィサーになる決断が求められています。

■まとめ■

ＪＡバンクが生き残るためには、どうしても地域密着・生活密着戦略の実現が不可欠です。

その前提条件が、組合員・顧客１人ひとりの情報管理を徹底し、生活提案型推進活動により、顧客との良好な関係を構築することであります。

その活動成果は、地域密着４指標の目標達成でなければなりません。

7 ＪＡらしさの店舗戦略

　競争激化によりＪＡ経営の基盤が弱体化すると、店舗統廃合や合併による規模拡大のスケールメリットだけでは、必ずしも競争に勝つ決め手にはならなくなりました。むしろ、現存する店舗の活性化が求められ、他金融機関と差別化できる個性的な店舗づくり、組合員・顧客のニーズをつかむ魅力的な店舗づくりが重要になってきます。

1　ＪＡ店舗経営とその意義

　店舗管理者として、地域におけるＪＡ店舗の存在意義は何かについて、どのように理解しているのでしょうか。現状の課題を整理し、店舗経営のめざすもの、その役割を確認しなければなりません。ＪＡは、銀行ではなく、農業・地域に根ざした店舗をめざさなければなりません。

1　ＪＡ店舗の現状と課題

　ＪＡの支店は、事務所でなく、店舗です。しかし、現実は店舗でなく職員の大多数が事務所と考えているようです。なぜその地域に支店が開設されているのかを認識しなければなりません。
　地域は、人々の生活空間であり、その生活空間を「商圏」と呼びます。すなわち、ＪＡの支店は、その商圏を持った店舗なのです。マネーショップであり、金融情報センターとしての機能を有していなければなりません。

かつて、購買事業においては、支店にある購買コーナーは、生活・生産資材のショップであったはずですが、店づくりを怠ったがために、単なる資材置き場と化し、まったく店頭売上げも上がらない非効率な空間になっています。これを反面教師にし、信用事業としての地域における機能を強化しなければなりません。店舗である限り、来店誘致の戦略により、来店客を増やす店頭戦略を強化していかなければなりません。

　かつて、ＪＡは地域の中心で、支店も組合員でにぎわっていた頃があったはずです。しかしながら、新しい魅力ある店舗づくりができないと、組合員・顧客の足が遠のき、にぎわいのない活気のない閑散とした店舗になる可能性があります。

　単なる店舗統廃合だけでは、ＪＡ店舗は機能不全に陥ります。

　地域に根ざしたＪＡとして、もう一度地域密着のＪＡらしさにあふれた店舗づくりにチャレンジする必要があります。

　金融環境を考えるならば、ラストチャンスであると思います。そのために、ここで、ＪＡの店舗戦略のために、ＪＡ戦略ドメインを立案しなければなりません。

2　ＪＡ店舗の位置づけ

　ＪＡにとって、かつて地域産業は農業であり、地域の主役は組合員でしたから、そのしくみはきわめて単純であり、活動対象も明快でした。しかし、都市化が著しく進んでいる地域については、地域社会が都市化されるにつれて主役の座は組合員からサラリーマンへ移ったといえるほど、市場構造が変化してきています。

　したがって、ＪＡ自体が地域社会に向かって開かれた対策をとらない限り、社会とは遊離した存在にならざるを得ません。ＪＡ活動は、単に農産物の生産の支援だけでなく、真に農業・組合員のことを考えるならば、地域住民の生活のなかに積極的に飛び込んでいき、ＪＡ事業を通じて一般消費者に理解を訴えていかなければなりません。すなわち、地域

の消費者との橋渡しの役割を担うことが非常に重要になりました。

そのためには、店舗自体が地域社会に喜んで受け入れられるものでなければなりません。金融機関競争がし烈さを増す状況下において、系統の店舗づくりは、そのシステムの適否が勝敗を決めることになり、立地や、建物や、物の質や、人の力が最適に結合されたときに最も大きな成功を納めることができるといえます。

刻々と変貌していく金融革命の時代を生き残るためには、地域文化を核としたＪＡらしさの効率店舗づくりを、総合的に、かつ積極的に推進していくことが求められています。

3　地域における店舗の役割

地域におけるＪＡ店舗の存在を論ずる際に、まず考えておかなければならないことがあります。それは、店舗の果たす役割についてです。

店舗の持つ役割は、大別すると、以下のとおりです。

① 組合員・顧客がＪＡに来店し取引を行うことを可能にする「場」の提供
② 渉外活動としての前線基地
③ 地域のコミュニケーションセンター
④ 地域社会に対するイメージ・ＰＲ効果等

店舗経営において、渉外活動の重要性を否定することはできませんが、店舗はどうあってもよいということにはなりません。これからは、「店頭でいかに稼ぐか」ということが重要な戦略となってくるでしょう。

店舗も店舗外における渉外活動も、ＪＡと組合員・顧客の接点という意味では同じです。異なるのは、対面できる組合員・顧客数の差ということです。

問題は、当然ながら、店舗が「組合員・顧客からＪＡを選別できる場所」であるという点にあります。金融新時代を迎え「顧客が金融機関を選ぶ」という重要性は、ますます大きくなってきており、店舗は渉外の

前線基地のみとして割り切るという考え方には多少無理があります。

その意味では、④のイメージ効果の役割もこれからはさらにクローズアップされてくるでしょう。店舗はまさに組合員・顧客がＪＡを見て信頼感をおぼえる「最も身近な媒体」そのものです。

2　ＪＡ店舗マーケティング戦略

　ＪＡの店舗は、地域社会に生活を営む人のいわば生活圏の中にあり、ＪＡは、地域社会と運命共同体です。地域社会が発展すれば、ＪＡも発展するという考え方が必要です。

　そのために、ＪＡは、どのような魅力ある店づくりをしなければならないのでしょうか。本来的な業務機能を提供するのは当然ですが、地域社会への情報提供機能を強化することが求められます。

　しかしながら、最近は、ＡＴＭはじめＯＡの導入により、コミュニケーション・チャンスを失いがちです。情報提供という有力な機能を通じて、このコミュニケーション・チャンスを確立することが、店舗戦略の最終目標になります。「ＪＡ店舗は、地域の生活総合コンビニエンスストア」でなければなりません。

　管理者は、その戦略を遂行するマーケティングマンになることです。

1　店舗戦略の重要性

　改めていうまでもなく、ＪＡにとって「店舗」とは最も重要な戦略的投資の1つです。それは、単に投資額が大きいからだけではなく、店舗がまさにＪＡと組合員・顧客を結びつける最も大事な接点であり、取引の原点ともいうべきものだからです。

　すべてのＪＡにとって、店舗戦略の優劣が、これからの厳しい競争を勝ち抜く大きなカギとなるだろうと思います。

　これまでの数々の市場調査で指摘されているとおり、顧客の金融機関

選択動機の第1位は、圧倒的に「近くて便利」なことです。
「お客様と店舗の関係は、その距離の二乗に反比例する」というライリーの法則がありますが、この法則により考えてみると次のとおりです。

	客A	客B	客C
距　離	300m	600m	900m
比　率	1 ：	2 ：	3
二　乗	1 ：	4 ：	9
反比例	9 ：	4 ：	1

　すなわち、店舗から300mの客Aは、900mの客Cの約9倍の来店頻度が期待できるのです。「近くて便利」であることは、組合員・顧客にとって重要な要素です。

　したがって、店周活動の強化により、店周または店勢圏に多くの顧客基盤を持ち、いかに来店客を増強できるのかが戦略の成果を左右します。来店誘致の戦略は、来店客数と店頭実績に表われます。

　「店舗戦略」とは何か。それは、「より高い業績を上げる店舗をいかに多く、いかに効率的に配置するか」という課題を追求する戦略です。

　さらに、そのベースとして、ＪＡの地域社会に対する基本姿勢や経営理念との関係等を考慮する必要があり、店舗戦略とはまさしく「ＪＡの経営戦略そのものを集約し、組合員・顧客との接点の場として具現化していくもの」にほかならないのです。

2　求められる店舗のアイデンティティ

　環境激変の中でＪＡは、新しい町づくり、村づくり、地域開発への取組みが求められています。そして地域特性に応じた個性ということが、1つのテーマになる地域個性化の時代です。こうした視野に立ち、ＪＡ金融新時代の店舗戦略は、いかにあるべきか検討しなければなりません。そこに重要な3つのコンセプトが求められています。

アメニティ（快適さ）、ホスピタリティ（手厚いもてなし）、コンビニエンス（便利さ）です。

"アメニティ"は"心"に優しい店舗づくりのための基本的概念です。居心地のよい快適な空間の演出、環境デザイン、科学的に裏づけされた機能により実現します。

"ホスピタリティ"は、これからの金融サービス業にとって非常に大事な概念となります。サービスの原点は、"ホスピタリティ"にあり、サービス業で一番大切なものは"もてなしの心"です。

"コンビニエンス"は、金融新時代においては、ＪＡにとって重要なテーマであり、地域の生活コンビニエンスストアをめざさなければなりません。組合員・顧客にとって便利な機能を創造しなければなりません。

一方、成熟社会、高度情報化社会を迎えて、組合員・顧客の生活様式・行動様式・価値観などライフスタイルは、ますます個性化、多様化、ファッション化してきています。したがって、物から心へ、ハードからソフトへ、量から質へ、理性から感性へといったトレンドを背景にＪＡ店舗にとっての主義、主張、テーマ、コンセプト、アイデンティティを明確に打ち出すことが大事になりました。

ここでＪＡにとって、店舗のアイデンティティがどのような意味を持っているか、ポイントを挙げてみます。

① 金融環境変化に対応して、他の金融機関にない組合員・顧客からの賞賛を得る店づくりをどうするか
② 利用者の増加や質的向上をめざし、これまでの取引者、これからの取引者をどう店舗に吸収していくか
③ ＪＡバンクというコーポレート・アイデンティティコンセプトの具現化のために、従来の信用事業という金融業から新しいサービス業へどう転換するか
④ ＪＡ職員が誇りをもてるような地域一番店としての店づくりをどうするか

⑤　職員が活き活きと働ける空間づくりを店内にどうつくるか
　このポイントを考えながら戦略の推進を検討してみます。

3　店舗マーケティング機能

　組合員・顧客に受け入れられるマーケティングのコンセプトを５つのポイントに整理してみましょう。

(1)　ＪＡらしさをつくる

　"コーポレート・アイデンティティ"は、いかにＪＡバンクとしての個性を表現するかが課題となります。キャラクター・アメニティ（ＪＡらしさ）をつくることです。
　新しいＪＡバンクというコーポレート・イメージを、店舗に実現させるためのＪＡの新しい"顔づくり"ともいえます。

(2)　便利さをつくる

　"カウンター・アイデンティティ"は、いかに効率よく処理するかが課題となり、インテリジェント・アメニティ（便利さ）をつくることです。
　カウンターでの応対はもちろん、休日・時間外対応や迅速で確実な、また誰もが気軽に満足して利用できる暮らしに便利なサービスを開発し、提供しなければなりません。
　自動サービスコーナーや貸金庫室やドライブスルーコーナーの導入や、他事業との本格的な複合機能を有するショップ、情報機器を駆使した地域の情報発信基地など組合員・顧客の視点での発想が求められています。

(3)　温かさをつくる

　"ヒューマン・アイデンティティ"は、いかに気持ちよく応対するかが課題となり、サービス・アメニティ（温かさ）をつくることです。
　顧客に満足していただけるようホスピタリティ（手厚いもてなし）マインドによる満足の演出が大事です。そのためには、大切な組合員・顧客をもてなすには、どうすればよいかを絶えず自分で考え、実行していける職員を育てなければなりません。"もてなしの心"を大切にした人

づくりです。こうした人材を育成するためには、マニュアル教育では、実現不可能であり、1人ひとりをその気にさせるモチベーション教育が必要になります。

(4) 明るさをつくる

"オフィス・アイデンティティ"は、いかに疲れない空間をつくるかが課題であり、ビジネス・アメニティ（明るさ）をつくることです。

職員が活き活きと働ける環境づくりが大事です。ロビーづくりが最も重要ですが、これからは、事務スペースやバックヤード、食堂、休憩室なども重視しなければなりません。

ＪＡを支えるのは、組合員・顧客はもちろん、職員も主役です。

(5) 親しみやすさをつくる

"コミュニティ・アイデンティティ"は、いかに地域に溶け込むかが課題となり、地域アメニティ（親しみやすさ）をつくることです。

これからは、地域の人々のコミュニケーション・スペースとして利用される環境の提供が大事になってきます。

地域コミュニティへの開放や地域の人々の交流の場、地域の人々に喜んでもらえる地域のシンボルとしての空間づくりが求められています。

ますます魅力ある店舗マーケティング戦略が重要となります。

3 店頭・ロビー戦略と管理

店舗統廃合が続いていますが、大切なことは残された店頭・ロビーの重要性です。店頭・ロビーの質により、店舗戦略の優劣が生じます。ロビーも営業の場であり、顧客差別化による優良客獲得の場です。

1 親しみやすい店舗とレイアウト

(1) 店舗外部へのコミュニケーション

ＪＡの看板・サインポールも重要です。

「知らせる」「わからせる」というコミュニケーションの原点にかかわる活動は、なぜか、どこのＪＡにおいても弱いと思われます。

「この土地の人でＪＡを知らない人がいるはずない」とか、「ＪＡで信用事業を行っていることは組合員なら当然知っているはずだ」という考えがあるからであろうと思われます。

しかし、移動の激しい時代では新しい居住者がふえて、ＪＡが何たるか、どこにあるか知らない住民もいます。ＪＡのわかりやすい表示、絶えざるアピールは欠かすことができません。広告用看板・ウインドウディスプレイ・掲示板も充実させる必要があります。また、建物周辺・花壇・駐車場など美化に取り組むことも重要です。

(2) **顧客対応のレイアウトの見直し**

店舗機能を、よくするも悪くするも、ひとえにレイアウトの善し悪しにかかっています。同時に、店のイメージも、レイアウトの善し悪しで決まってしまいます。

どうしたら使いよい店、入りやすい店、そしてよいイメージの店ができるのでしょうか。

① **レイアウトの目的**

レイアウトの目的は、利用者のニーズに迅速的確に対応して、その満足を得ることにあるといえます。

多くの利用者を待たせることなく短時間でテキパキと処理し、しかも居心地のよい待ち空間を提供することによって、満足と好感をもってもらい、引き続き利用してもらうことがその目的です。

② **レイアウトの基本型**

利用者に満足してもらうには、無理・無駄のない合理的なレイアウトが必要です。そのためには金融店舗として持っている基本的な機能を、空間として正しく配分しなければなりません。

金融店舗として持つべき基本的機能は、事務、対応、クイックサービス、スローサービスの４つの空間づくりであるとされています。

③　客溜りロビーの客動線とレイアウト

　利用者の客溜りでの動線は、入店、歩行、伝票記入、窓口対応、待機、窓口呼出し、歩行、出店、という順序になります。一方、利用者に満足してもらうためには、"歩きやすいこと""伝票が書きやすいこと""待ちやすいこと"の３つの条件が満たされなければなりません。

　上記のうち、待機は「静」ですが、その他はすべて「動」です。この「動」と「静」のスペース配分がうまくバランスがとれないと、落ち着かない客溜り空間ができ上がってしまいます。

④　クイックサービスとスローサービス
　　イ　２つの機能を分ける

　金融機関はどこでも、預貯金の出し入れのように手早く済ませたい用事をもった利用者と、融資などのゆっくり相談したい用事を持った利用者がやって来ます。客溜りも、この２つのタイプの利用者に対応して、２つの異なる空間を用意すべきです。入出金の利用者に対してのサービスをクイックサービスといい、ゆっくり相談したい利用者に対してのサービスをスローサービスといい、この２つのサービスを分離することが原則です。ＪＡでは、スローサービスのためのスペースが特別に用意されていない場合がありますが、早急に検討しなければなりません。

　　ロ　ハイカウンターとローカウンター

　クイックサービスは、機能性を何より重視するため、静動分離を基本に空間を構成し、ハイカウンターを原則とします。しかし、最近の動向を見るとクイックサービスもローカウンター対応がふえてきました。

　スローサービスは、近づきやすさと、ゆっくり相談できる雰囲気をつくりあげることが大切で、そのために応接セット風のローカウンターを採用することも大切です。もう１つ大切なことは、スローサービスコーナーでのプライバシーの保護で、相談客のプライバシーを守るために、プランターやスクリーン・パーティションなどで目かくしをしなければなりません。

オープン応接コーナー、応接室などは、スローサービススペースに近い位置に設けることが適当です。特に、年金サービス・相談コーナーとして、ローカウンターの充実が急務です。

⑤ **防犯対策とチェック**

　イ　営業時間帯の出入り口は、防犯上の観点から1つにしたほうがよいでしょう。入口を1つにすることにより、職員が一点に集中でき、顧客対応のための声かけも行いやすいと思います。

　ロ　営業時間外に顧客スペースを利用する場合は、専用の時間外出入口が必要になります。通常の業務時間内は使用せず、営業時間外に顧客が業務スペースを通らない出入口が必要です。

　ハ　ATMを複数台設置する場合は、防犯の観点からATM間に仕切りが必要になります。

2　JAバンク未来型店舗のロビー機能

JAの特徴を活かした来店誘致型の店舗が求められています。ハイカウンター中心の古典的店舗でなく、JAバンクとして地域密着した未来に通じる店舗づくりが必要です。

(1)　**これからの窓口カウンターのあり方**

単純業務　────────────────────▶ 対話型

機械化コーナー	ハイカウンター	ローカウンター	ブース
・ATM ・自動貸金庫	・流動性貯金	・新規、解約 ・定期性	・ローン ・相談 ・年金 ・資産運用

窓口・カウンターの並び方は、入口は単純業務であり、奥に行くに従って対話が多い業務のカウンターになります。今後は、未来型店舗としてすべてローカウンターにリニューアルすべきであると思います。

これからは、他の金融機関も個人取引店舗は、ローカウンターが主流になると思います。そもそも、窓口担当者だけ座り、組合員・顧客を立たせて応対するのは失礼であり、顧客志向の店舗ではありません。ふれあい・対話重視の窓口づくりが求められています。

(2) **魅力ある顧客志向のロビーづくり**

① **顧客獲得の場**

いかに顧客との対話を増やし、業績を上げられるか、ロビーセールスがやりやすい空間づくりが必要です。

② **情報提供の場**

ＪＡとして組合員・顧客に対して役立つ情報提供をしなければなりません。

金融情報センターとして情報ボードや情報パネルの設置、ＴＶ情報コーナーも検討する必要があります。

③ **情報交換の場として**

組合員・顧客同士が農業や生活情報の交換の場として、気軽に話し合えるコーナーも必要です。テーブルを囲み、茶を飲みかわすコミュニティサロンもほしいものです。

④ **組合員・顧客とのふれあいの場**

ただ単に事務処理をするだけでなく、管理者と組合員・顧客のふれあいの場として、管理者用のデスクもロビーに設置することも検討すべきでしょう。

⑤ **生活に密着した場**

地域密着のために、地域の人達の生活スタイルを店舗に取り込んだイベント企画も必要です。ＪＡ店舗が、地域住民の有効活用できるスペースであることもＰＲすべきです。

(3) **ライバル金融機関の店舗づくり**

他金融機関も地域密着するために、さまざまな工夫をしています。地域景観に合わせたデザインの店舗づくりも多く、武家屋敷風・民家・寺

社風など地域にとけ込むための設計が多く見られます。
　また、バリアフリーやユニバーサルデザイン重視の、あらゆる来店客に対応できるやさしい店づくりが主流になっています。

① 　インストアブランチ

　流通業者とのコラボで、流通店舗の中に金融コーナーを設置するケースも数多くあります。

② 　インブランチストア

　金融機関のロビーに他業種の店舗を併設する方法です。スターバックス・ドトール・コンビニ・スマホケイタイショップなどとのコラボであり、代表的店舗に、ゆうちょ銀行とローソンの併設であるポスタルローソン店舗があります。

③ 　バイストアブランチ

　取引先のスーパーや量販店のすぐ横に出店し、駐車場などを共有し、相乗効果をねらいとしているケースもあります。いずれも金融コンビニエンスストアであり、ＪＡも総合事業を展開しているので、地域生活コンビニエンスストアとしての店舗づくりが期待されます。

3　店頭戦略成功のカギ

　地域特性により、その戦略は、かなりの特性を有することになり、必ずしも画一化されたものにはなりません。また、管理者は、ただ店舗をつくるということだけではなく、それ以上にどういう店舗にしたいのかの方が大切であり、つくり出したものを、いかに活かすか、いかに育てて発展させるかという点が重要になります。

　ⓐ　市場戦略……地域に対する戦略・戦術
　ⓑ　店舗コミュニケーション……建物イメージ、スペースレイアウト、ディスプレイ、機能、システム
　ⓒ　プロモーション……広告宣伝、販促、イベント
　ⓓ　パーソナルコミュニケーション……渉外、窓口の力

この４つのポイントにより、業績格差が生じます。ポイントは、次の式により表わされます。

R（成果）＝ⓓ（ⓐ＋ⓑ＋ⓒ）

ⓓ＝パーソナルコミュニケーション力は、関数であり、すべての要素にレベル格差を生じさせます。差別化された新しい戦略の新しいデザインの店舗が開発されても、組合員・顧客に満足していただけるような演出や店頭サービス業務に本来の差別化がなければ意味がありません。

外見のデザインはもとより、"中身"の違いを厳しく評価されるからです。どれだけすぐれた市場戦略や、店舗コミュニケーションがあっても、パーソナルコミュニケーションがゼロであると、成果はゼロになります。

つまり、最後のポイントは人なのです。店頭戦略を強化するための職員の総合的教育体系が求められることになります。

4　来店客増強とＣＳ戦略

店舗活性化のために来店客増強をめざさなければなりませんが、来店客数は地域における信頼のバロメーターであり、来店客数が少ないということは地域から支持されていない証拠です。いかにして、来店客数増強を図り、店頭実績を上げるか、管理者の能力が問われます。

1　店頭戦略の診断分析

店舗・店頭戦略がどの程度成果を上げているか、定量的に診断分析をする方法があります。

(1) **顧客づくりの３ステップ**〜来店客増大への道〜

① Awareness……ＪＡ店舗の存在を知っている（知名客）＝知名度

どの程度ＪＡ店舗の存在を知っているか。

② Trier……一度はＪＡ店舗を利用した（来店経験客）＝来店経験率
一度はＪＡ店舗に来店した経験がある客がどれくらいいるのか。
③ Repeater……定期的にＪＡ店舗を利用している（固定客）＝固定客率

・店頭に現れない「見えない客」層をいかに拡大するか（知名度アップ）
・来店経験客を大切にして増加させること（来店経験数アップ）
・メイン化・固定客の数が店舗の力
　　Ｒ／Ｔの比率をできるだけ高くすることが必要
　　再来店してもらうために何ができるか

(2) **店舗のパターン**

自店舗はどのスタイルの店舗に位置づけされるでしょうか。

不振店舗は、閉店候補になってしまいます。今一度、顧客づくり順調型店舗になるための戦略を検討すべきです。

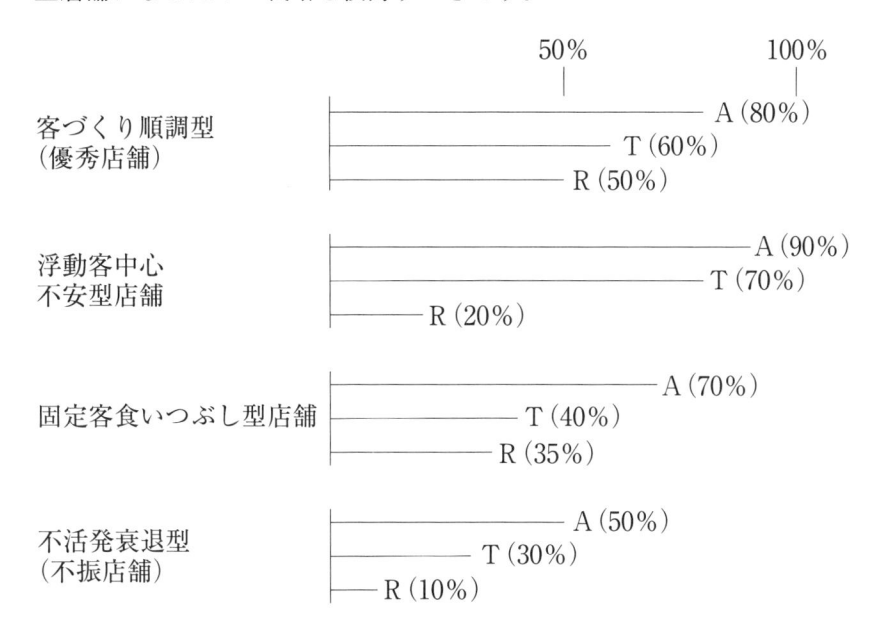

店舗タイプ	A	T	R
客づくり順調型（優秀店舗）	80%	60%	50%
浮動客中心 不安型店舗	90%	70%	20%
固定客食いつぶし型店舗	70%	40%	35%
不活発衰退型（不振店舗）	50%	30%	10%

2　来店客のためのＣＳ戦略

　渉外担当者は、訪問サービスを行っていますが、窓口にはわざわざ来店する大切な組合員・顧客がいます。雨の日も風の日も寒い日も暑い日も、来店してくれる貴重なお客様がいます。

　店舗として、この組合員・顧客にどんなもてなしができるでしょうか。

(1)　顧客満足店舗の新３原則

　従来、金融機関の行うＣＳ戦略は、商品やサービス、店舗づくりの３つを基本原則としていました。

　商品は、機能やコンセプトの明確さ、条件、商品の豊富さが基本です。サービスは、明るく親身な接客応対が基本です。店舗とは、きれいさ、明るさ、清潔さが挙げられます。しかし、この３原則は当たり前になり、もはや顧客を満足させることができなくなりました。

　たとえば、挨拶をしっかりやろうといっても、「いらっしゃいませ」という程度の挨拶は、ＡＴＭでも自動販売機でも流れます。当たり前のことをしても顧客満足にはなりません。

　ここに新３原則が提案されています。

　①　ホスピタリティ

　もてなしの精神で接客サービスを行うことです。

　組合員・顧客をあたたかくお迎えし、アイコンタクト（目を合わせる）を心がけ、名前を用いた挨拶を心がけることです。

　雨の日はカルトンの中に、さりげなくポケットティッシュを入れ、「雨の中ありがとうございました」と渡せば、必ず心が通じます。

　②　エンターテイメント

　感動を与え、心の絆をつくることが大切です。

　窓口担当者が組合員・顧客の願いをかなえてあげたいと考えて行動したことが、感動を与えることを意味します。

　ＣＳ経営の優れた店舗では、顧客の情報管理によりデータベースを活

用し、思いがけない感動を味わってもらうことをねらいにしています。

同じ挨拶でも、たとえば「先月は、雨の中ご来店していただき、ありがとうございました」「先月は混雑し、お待たせして申し訳ありませんでした」などと有効活用しています。

③　プリヴァレッジ

組合員・顧客を特別な存在として扱うことです。

取引状況に応じた特別待遇を意味します。人は、誰しも「自己の存在を認めてもらいたい」という欲求を持っています。

他人とは違った特別の扱いを受ける待遇は、その欲求を満たすことになり、非常に喜ばれます。すべての顧客に同じ待遇を与えるのではなく、ＡランクのＡ顧客とＤランクの顧客が同じ待遇では、Ａランクの顧客は大いに不満を持つのは当然です。

平等主義の限界があります。ただ、ＪＡバンクの店舗として、プリヴァレッジを実行するとすれば、せめて一般客と年金客は差をつけるべきで、年金の来店客は大切に最高のもてなしサービスをすることが求められるでしょう。

(2)　再来店誘致のＣＳ店舗

ＪＡ店舗は、他金融機関との同質化競争を回避するために、組合員・顧客満足店舗づくりを行い、再来店を促し、リピーターを確保しなければなりません。したがって、窓口担当者は、自分のファンづくりに取り組む必要があります。

①　組合員・顧客の個性化が進展する中、来店数も個別対応が求められます。その条件は、顧客データベースの活用であり、日頃から情報収集に努め、世帯状況表にインプットし、それをタイムリーに活用する必要があります。

まず、顧客をよく知ることが基本です。

②　ＤＭ・メール・ＦＡＸなど、限りなく来店客にはメッセージを送り続けることが効果的です。来店時に声をかけることがすべてではあり

ません。ＪＡ担当者の気持ちを顧客に伝えることです。

③　常に情報提供を心がけ、来店時に手渡すことができるミニ情報ペーパーを準備しておくことも必要です。窓口は、管理者代理業であり、管理者の思いを組合員・顧客に伝えなければなりません。

ＪＡ店舗に行くことは、役に立つと思わせなければなりません。

④　相談業務は、親切ていねいにわかりやすく、情報は、必ず見える化し、説得力あるツールが求められます。

⑤　店頭サービス体系の見直しをしなければなりません。たとえば、同じ定積でも、渉外は、集金サービス付定積であり、店頭掛込定積は、よりよいサービスを企画しなければならないでしょう。

⑥　フォロー活動として時々は、店周活動を行い、来店誘致をアプローチする必要があります。いずれにしても、また次回来店してもらうために、今何ができるのか。そのセンスアップのために、管理者中心に研究することが重要です。

■まとめ■

～ＪＡバンクの店舗に求められるもの～
- ●ＪＡの独自性を保った店舗　⇒「農」を有効活用した店舗づくり
- ●他金融機関とは差別化した特色ある店舗　⇒　総合事業を有効活用した店舗づくり
- ●地域金融機関としての役割を果たす店舗　⇒　地域の公共の役割を果たす店舗づくり

8 店舗経営のための目標管理

1 目標管理の重要性

　管理者の4大職務の中で述べましたが、管理者には目標設定責任があり、正しい目標により、正しい管理体制を確立することが求められています。

1　なぜ目標管理が必要か

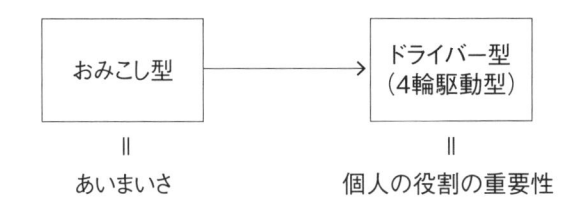

```
┌──────────┐      ┌──────────┐
│ おみこし型 │ ───→ │ ドライバー型 │
│          │      │（4輪駆動型） │
└──────────┘      └──────────┘
     ‖                 ‖
   あいまいさ       個人の役割の重要性
```

　ＪＡ組織には、一斉推進を中心とするおみこし型の体制がいまだに残されているように見受けられます。
　おみこしは、1人ひとりの力は弱くとも、ワッショイ・ワッショイと全員が力を合わせ、協力して担ぐものであり、管理者は、かつがれるおみこしでもあります。大変きれいなキャッチフレーズで、かつては職場も盛り上がっていました。
　しかし、競争激化の厳しい時代に入ると、この一見協力的で美しいおみこし型の体制も、ウィークポイントばかり目につき、神通力が消失し

てしまいました。

　なぜかというと、担ぐふりをする部下もいれば、ブラサガリの部下もいたりすることが目につきはじめたからです。このような部下は従来からいたのですが、あまり目立たず、また、目標達成には、あまりマイナス要因にもならず、何とかクリアしてきました。

　しかし、金融新時代になると、この体制の「あいまいさ」が重要な問題になってきたのです。すなわち、「手抜きをしてもおみこしは動く」というあいまいな気持が問題になってくるわけです。

　うちの支店ぐらい全力でやらなくても、ＪＡ全体では大丈夫だろうとか、自分１人ぐらい達成できなくても、うちの支店は、何とかなるだろうという気持です。この手抜きがあると、今の時代は、競争には勝てないことは明白です。

　これからは、個人の役割や責任に、あいまいさの残るおみこし型の体制を打破して、新しい体制をつくらなければなりません。おみこしを担いで急な山道は登れません。そこで、４輪駆動車（４ＷＤ）のようなパワフルな「ドライバー型」の体制が求められています。車は部品１つ欠けても、まともには動きません。

　それだけ各人の責任は重いわけです。おみこし型ではあまり問題にされなかった個人の存在の大きさや、責任が浮きぼりにされるのです。１人ひとりの役割を明確にして、それぞれが機能しないと、車は満足に動きません。管理者はその車のドライバーなのです。

　今こそ、あいまいさの残るＪＡのおみこし型体制から、システム的なドライバー型体制を確立しなければならないのです。このドライバー型体制こそが、目標管理体制であるといえます。

　そこで、目標管理体制とは何かを確認しておきましょう。

2　目標による管理とは

　目標管理というと、どうもノルマ管理のように誤解されがちですが、

8 店舗経営のための目標管理

ここでは目標管理の意味を正しく理解していただきたいと思います。

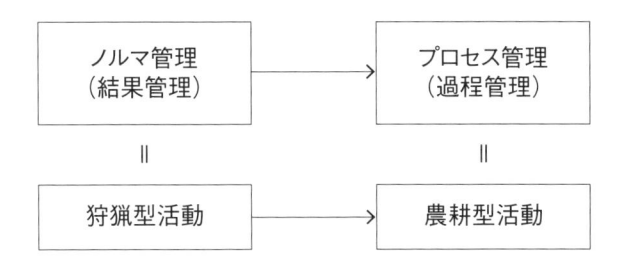

```
┌─────────────┐      ┌─────────────┐
│  ノルマ管理  │ ───→ │ プロセス管理 │
│  (結果管理)  │      │  (過程管理)  │
└─────────────┘      └─────────────┘
       ‖                    ‖
┌─────────────┐      ┌─────────────┐
│  狩猟型活動  │ ───→ │  農耕型活動  │
└─────────────┘      └─────────────┘
```

　ＪＡは、今まで、管理手法としてノルマ管理が多かったように思われます。

　たとえば、活動が狩猟型活動で、「さあ、実がなった、収穫期だ、みんなで刈り取りだ」、「さあ、いくら実がとれたか」という活動では、ノルマ管理の手法しかありません。

　管理者も、「意識と行動を強化せよ」と叱咤激励するという古典的手法でした。「やる気があるのか」とハッパをかけるだけでは部下は育たないでしょう。

　農耕型活動は、じっくりと日々農産物を育て、よい花を咲かせ、よい実をいっぱいつけるように、日々の活動を積み重ねていくのです。種まきから収穫までのプロセスを重視するのです。

　過程管理を徹底しなければ、決してよい実は、ならないでしょう。根性論で狩猟型活動を強化しても、実績は上がらない時代に入ったのです。

　プロセス管理を重視した農耕型活動を強化しなければなりません。

　この活動をシステム的に管理する手法が、目標管理です。目標による管理とは何かを定義づけしておきましょう。それは、

　①　ＪＡの職員が、共通の目標を達成するために
　②　自主的に参画し
　③　おのおのが自己の役割を完全に果たし
　④　協力し、励まし合いながら
　⑤　組織作り・人づくりを行う活動を

⑥　システム的に管理することです

　激動期を勝ち残るために、ＪＡにふさわしい目標による管理体制を確立しなければなりません。

3　メンタルヘルス重視のプロセス管理

　部下の行動管理のみならず、精神管理も重視したプロセス管理をしなければならなくなりました。狩猟型のノルマ管理のみでは、さまざまなトラブルが生じ、また、部下も成長しません。

(1)　**プロセス管理のためのプロセス目標の設定**

　プロセス管理を強化するためには、目標達成のための仮説を立て、そのステップをプロセス目標として設定する必要があります。

　管理者は常にその仮説立案のために、能力開発を行い、引出しを多く所有する必要があります。管理者が目標達成のプランがないのに、部下が目標達成することは困難であり、管理者の存在意義がなくなります。

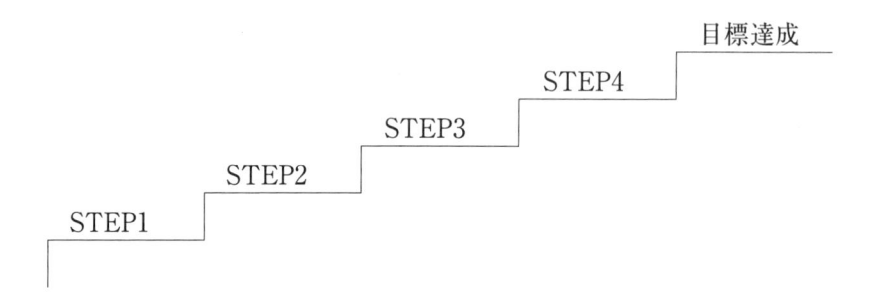

```
                                        目標達成
                              STEP4 ┘
                      STEP3 ┘
              STEP2 ┘
      STEP1 ┘
```

　目標達成のためには何をすべきか、そのためには、明確に行動すべきことをプロセス目標として設定し、示す必要があります。よいプロセス目標が、目標達成を可能にします。

　管理者は、部下に対してやるべきことをやらせ、結果は自分で責任をとるくらいの姿勢が求められます。

(2)　**プロセス管理は部下のメンタルヘルスをサポートする**

　プロセス目標を設定し、行動管理し、指導することにより、部下の目

標達成率は向上します。ノルマ管理は、2つのマイナス効果が生じます。

1つは、ノルマ管理では、市場規模縮小の競争激化の時代においては、目標達成はきわめて困難です。そして部下は自信を失います。

2つ目は、自信を失った部下は、上司からのプレッシャーを受け、ストレスを貯め込んでいくことになります。そして、不幸にしてメンタルヘルスに支障をきたすことになるでしょう。

近年の若い人は、打たれ弱いタイプも多く、プレッシャーをかける手法や単なる叱咤激励は、精神面において問題が生じやすいでしょう。したがって、部下を健康的に指導育成するためには、具体的なプロセス目標を設定し、そのステップアップの管理に徹することです。

管理者は、ひたすらこうすればよくなる、こうすれば目標達成できるというアクションプランを設定し、よきアドバイザーになることがポイントになります。

2 目標管理のサイクル

事業計画・事業目標を達成するためには、過去の経験と勘に頼った成り行き管理では実績は期待できず、論理的な管理活動をしなければなりません。

その基本が計画・実行・反省・検討・改善活動というサイクルです。この当たり前のことを当たり前に実行することが、成功への道なのです。

1　PDCAサイクルの基本

(1) **計画（PLAN）**

目標や方針・計画をはっきり具体的に定めなければなりません。

① 部下への指示

　　イ　積極的な参画・提案をさせること

　　ロ　自主的な取組みを、指示すること

イヤイヤやるのではなく、自主的に行うように仕向け、話し合いにも積極的に取り組ませるようにすることです。

　ハ　期待事項を明確にすること

管理者から何をどう期待されているか、しっかりと確認させる必要があります。

　ニ　自分自身の具体的な行動計画を作成させること

行動計画を効果的に作成するためには、５Ｗ２Ｈで疑問点を整理する必要があります。よい計画を立てるためには、どのようなことに注意すればよいのかをまとめると、次のようになります。

・目的をはっきりさせる

・事実を把握する

・手段・方法を検討し準備をする

・結果に対する処置を決めておく

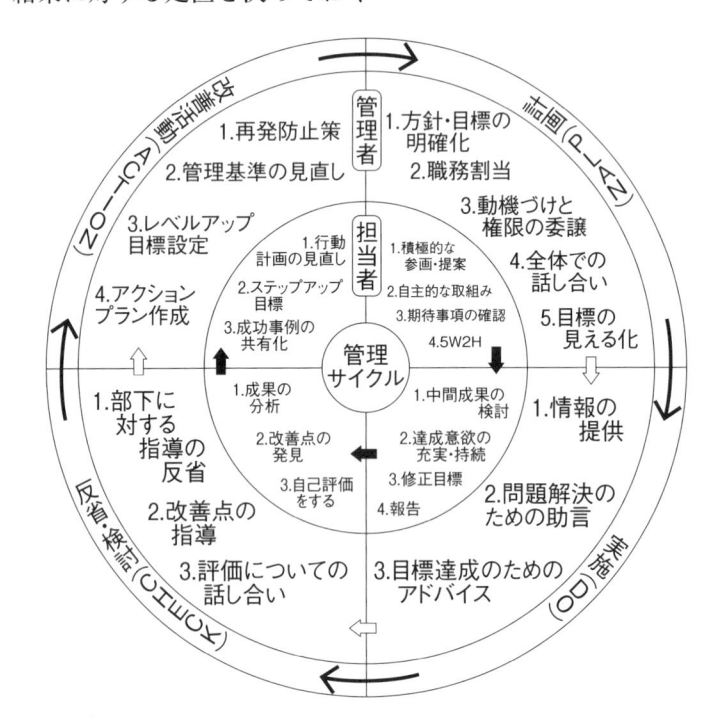

② 管理者のチェックポイント
　イ　方針、目標の明確化を図り、部下に徹底する
　ロ　職務割当を行い、各自の責任を意識づける
　ハ　動機づけを行い、権限の委譲により任せる部分を明確にすることで部下のやる気を引き出す
　ニ　全体の話し合いを心がけ、考えさせる
　ホ　作成した目標は、必ず見える化、視覚化し、部下に徹底し意識づけする

(2) 実行（DO）

計画に基づいて、自主的に実行させることです。これには、たくましい実行力が必要です。その実行の結果を絶えず記録にとどめ、中間検討が可能な状態にすることが大切です。

① 部下への指示
　イ　中間報告をさせること

仕事は、指示・命令を受けたら、実行し、報告をして終わりになります。報告にも、事前報告・中間報告・異例報告・結果報告があります。

目標管理は、プロセス管理を重視するものであり、おのずと中間報告を強化することになります。中間報告が定着している職場は、質の高い業務が遂行されています。

　ロ　中間実績を検討すること

中間報告に基づき、目標と実績のズレを発見し、その検討を行う必要があります。

　ハ　修正目標を立てること

中間成果の検討をしたら、それに基づき修正計画を立てなければなりません。

　ニ　目標達成意欲を充実・持続すること

目標達成意識を常に持ち、また、それを持続させながら活動を強化しなければなりません。

実行（ＤＯ）から検討（ＳＥＥ）に移るプロセスで注意すべきことは、報告・連絡・相談を常に忘れないことであり、この"ホウレンソウ"があれば、活動は充実します。

　② 管理者のチェックポイント
　　イ　目標達成に必要な仮説を示し、情報提供を行う
　　ロ　問題解決のための助言を与え、いっしょに考えるという姿勢を示す
　　ハ　目標達成のためのアドバイスを行い、目標達成に協力する姿勢を示し、共感体制をつくる

(3) 反省・検討（CHECK）

実施した結果をよく反省し、検討し、評価することが必要です。

　① 部下への指示
　　イ　成果の分析をさせること

自分の実績について、十分に、あらゆる角度から分析させる必要があります。

活動実績についても、半期に一度は、強弱分析・検討が必要です。特に、弱点分析が大切です。

　　ロ　改善点を発見すること

目標と実績とを比較し、ズレを発見します。そして、そのズレの原因を分析し、対策を講じなければなりません。こうして得た結果を、次の計画に活かすことが重要です。

　　ハ　自己評価させること

自分自身がどんな成果を上げることができたのか、はたして期待以上の成果を上げることができたのかについて、目標設定の段階まで、さかのぼってあらゆる面の反省をし、自己採点してみます。

漫然と反省し、経験を積むのではなく、経験を意識的に整理・分析し、新たな可能性に挑戦するパワーにするために、各自で反省し、自己判定することが大切です。

② 管理者のチェックポイント
　イ　部下指導の反省と見直し
部下に対してどのような指導をしたか反省をしなければなりません。結果が悪ければ、それは管理者の指導が至らなかったという、指導方法を見直すチャンスです。
　ロ　改善アドバイス
部下が検討した改善点について、的確に援助をするというスタンスで、改善アドバイスを行います。
　ハ　部下との話し合い
評価について部下とよく話し合い、評価のズレを修正することが大切です。やりっ放しに終わらないように、問題解決の場として、成果と検討を充分に行い、次の目標の糧とすることです。

⑷　**改善活動（ACTION）**
反省・検討のうえに立ち、この現状の課題解決を行い、次の計画（ＰＬＡＮ）に活かさなければ目標管理サイクルは回らず、成立しません。
① 　部下への指示
　イ　反省のうえで、今後の行動計画の見直しを行い、特に具体的行動目標をチェックする
　ロ　現状の実績に甘んじることなく、さらに上位をめざし、ステップアップした目標を設定する
　ハ　失敗した事例やダメな理由を共有化するのではなく、成功事例を共有化し改善の目標に反映させる
② 　管理者のチェックポイント
　イ　課題解決のために、再発防止策を重点的に立案・指導する
　ロ　現状の基準を点検し、管理基準の見直しを行う
　ハ　現状の目標達成レベルの検討を行い、量と質的レベルにおいて、その目標の増強をめざし、設定を行う
　ニ　その目標達成のために、具体的に何をいつまでに、どのような

方法でどのくらいやるのか、アクションプログラムを作成する

PDCAサイクルのために、管理者の妥協しない部下指導が不可欠になります。

2　目標管理の原点は１日のＰＤＣＡにあり

　ＪＡにとってのウィークポイントは、ＰＬＡＮの段階では、"○○決起大会"などを開いて積極的に取り組むが、実行された後、Ｃ・Ａがあまり見られず、やりっぱなしの感が強いと思います。

　Ｃ・Ａがないと、次の計画はおざなりになってしまい、レベルダウンしてしまいます。外部から見ているとＰＬＡＮしか見えてきません。

　そのいいかげんさの「ぷらんぷらんであること」とＰＬＡＮを引っかけて、ＪＡは目標管理でなく「プランプラン管理」であるといわれます。推進においてもフォロー体制が弱く、やりっぱなしです。管理においてもＣ・Ａが弱く、やりっぱなしです。このやりっぱなしの体質を改善するために、管理者により目標管理のサイクルを回さなければなりません。

　そのポイントは、年間のＰＤＣＡサイクルでもなく、月間のＰＤＣＡサイクルでもありません。１週間のＰＤＣＡや１日のＰＤＣＡサイクルを充実させることなのです。車軸は「１日」についているのです。

　この１日のサイクルを大切に、毎日きちんと回せば、１週間のサイクルは、レベルアップしてきます。１週間のサイクルがレベルアップすれば、月間のサイクルは結果としてレベルアップし、目標も達成されるでしょう。

　それを逆に、年間のＰＤＣＡや月間のＰＤＣＡに重点をおいて取り組もうとしても、よい結果はでないしょう。時計も、秒針を止めてしまえば時間は止まってしまいます。"秒"を刻み、"分"を刻み、"時"を刻むのです。

　その"時"を動かす秒針がとても大切なのです。１日くらいどうでもいいと思ってはいないでしょうか。その１日を、どう充実させるかが重

要なのです。ＪＡには、残念ながら毎日がキャンペーンであるという体制が欠如していると思います。

　１日のＰＤＣＡが目標管理サイクルの原点であり、基本となります。

　このサイクルを回すのが管理者であり、日次の管理、日常業務の管理指導をすることが、きわめて重要になります。

　それを管理するツールが日報です。日報のフォームとその活用状況をチェックすれば、そのＪＡの目標管理体制のレベルが判断できます。

　１日の計画を立て、活動を強化し、帰店後、日報を記入して反省・検討を行い、そして翌日の計画・準備をして業務を終了するというサイクルが定着したとき、ＪＡの職場は、いつも目標達成の喜びを分かち合う、感動のある職場に変容するであろうと確信します。

3　正しい目標の条件

　目標による管理でいう"目標"とは何かを整理する必要があります。すぐれた目標は、目標達成を容易にし、また活き活きとした職場づくりが可能になります。

　すぐれた正しい目標の条件を挙げてみます。

1　目標は自らが設定すること

　目標とは、そもそも自らが設定するものであって、本店からもらうものであってはなりません。本店からもらう目標は、単なるノルマです。管理者自らが設定した目標と本店から与えられた目標には、おのずと質と量において差が生じます。自主的に、店舗の目標を設定しなければなりません。

2　目標は具体的行動目標であること

　人間行動の基本は、「人間は、欲求を満たすために目標を意識したとき、その目標に向かって行動をおこす」と行動科学論において定義づけられています。

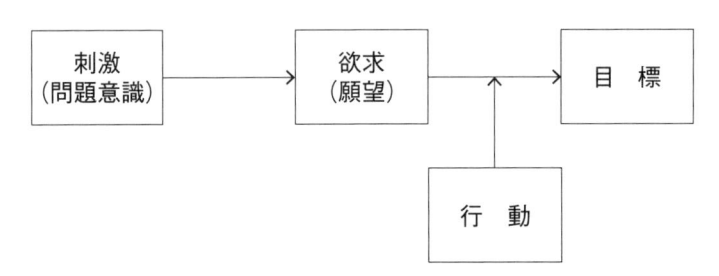

```
[刺激      ]→[欲求    ]→[目  標]
[(問題意識)]  [(願望)  ]↑
                        [行  動]
```

　人間は、それぞれの立場でいろいろの刺激を受け、あるいは問題意識を持っているものです。その現状から脱皮するために、人間は、ああしたい、こうしたいという欲求を持ち、さまざまな願望をいだくものです。この欲求が強ければ強いほど、人間は自らが設定した目標に向かって行動を起こすということです。

　管理者は、部下のこの行動によって目標達成をするのですから、目標を設定するにあたっては、行動をともなわない抽象的な目標ではなく、具体的な行動目標を設定しなければなりません。

　事業計画は、管理者にとって、所詮、願望欲求にすぎません。目標達成の意欲を具体的目標として表わさなければなりません。

3　目標は支店の問題解決と連動し体系化されていること

　ＪＡ、全体の目標を達成するために、支店の目標は、それに連動させ、体系化されなければなりません。また、支店の目標を達成するためには、部下の目標は、それに連動させ、体系化されたものにしなければなりません。

　ＪＡの目標が「貸出５％アップ」とするならば、これを細分化して検

討し、方針をよく理解して、これを具体化して支店の目標づくりを行うのです。

事例を挙げると、その目標は、「生活関連ローン強化により10％アップ」ということになります。そして、それに対する方針は、マイカーローンの強化・車検情報収集強化・他部門との連携の強化ということになります。

担当者は、この支店の目標と方針をよく理解して、それぞれを細分化し、さらに具体化して、自分自身の目標を設定しなければならないのです。その目標が、たとえば「マイカーローン月間2件」、「車検情報月間200台」となります。

そして、それを実現させるための方針を考え、毎日のPLAN・DO・CHECK・ACTIONに落とし込んで、これを自主的にプロセス管理することです。

目標による管理でいう管理とは、ＪＡの目標ではなく、管理者自らが

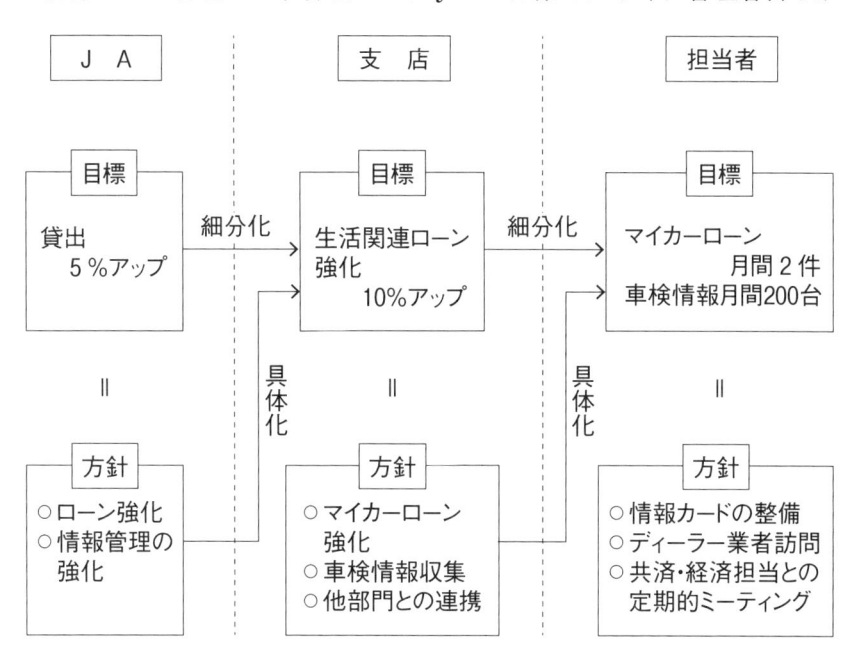

ＪＡ	支店	担当者
目標 貸出 5％アップ	目標 生活関連ローン 強化 10％アップ	目標 マイカーローン 月間2件 車検情報月間200台
＝	＝	＝
方針 ○ローン強化 ○情報管理の 　強化	方針 ○マイカーローン 　強化 ○車検情報収集 ○他部門との連携	方針 ○情報カードの整備 ○ディーラー業者訪問 ○共済・経済担当との 　定期的ミーティング

（細分化→具体化→細分化→具体化）

設定した目標を管理することです。

4　目標は変化とバラエティに富んでいること

　目標がマンネリ化すると、部下の行動もマンネリ化してしまいます。したがって、ワンパターンにならないように、目標自体に変化を持たせなければなりません。
　目標設定単位を時々変えることも必要です。個人目標だけでなく、ペアであったり、グループであったり、支店共同目標であったりなどの工夫が必要になります。また、目標領域も検討を加えなければなりません。業務目標のみならず、育成目標や自己啓発目標など、あらゆる角度からとらえてみるとよいでしょう。全員でアイデアを出し、興味のある目標づくりをすることが望まれます。

5　全力を結集し絶えず努力しないと達成できないような目標であること

　ただ成り行きで漠然とした活動をして目標を達成しても、何ら喜びも感動もないでしょう。このようにして達成される目標は、本当の目標とはいえません。
　全職員が全能力を結集し、活動強化をしないと目標達成は不可能なはずです。おみこし型ではなくドライバー型の体制で、各自が自分自身の目標をクリアしなければならないのです。
　努力なくして目標達成できるのは、その目標があまりにも低すぎるからです。それは目標とは呼べません。正しい目標を設定してこそ、部下は成長するのです。高い目標をクリアして、はじめて目標達成の喜び、感動があります。
　管理者は、部下とともに目標達成の感動、喜びを体験することをやりがい感としなければなりません。すぐれた目標・正しい目標設定が、部下の自己成長につながることを認識すべきです。
　管理者として、部下に目標達成の感動・喜びを味わわせてやってくだ

さい。

4 日報管理の基本

　すでに、目標管理の原点は1日のPDCAであること、また、目標管理ツールの原点は日報にあることを説明しました。その日報について、さらに理解を深めていただきたいと思います。日報管理が高いレベルで定着していない組織は、事業の活性化は期待できないでしょう。

　短期一斉推進中心であった事業には、日報は重要視されていなかったし、毎日がキャンペーン、というわけでもないので、日報は必要なかったのかもしれません。

　しかし、渉外係に限らず、JA担当者全員に日報は、不可欠の帳票なのです。

1　なぜ日報を書きたがらないか

　一般的に日報を書くのが、苦手な部下が多いものです。また、書いても本来の日報の目的どおりには書いていないことが多いのも現状でしょう。その原因を整理しておきます。

① 外に出ることが多いので、いつの間にか、ものを書くことやパソコン入力が苦手だと自分自身で思い込んでいる。

② 日報を書いても、管理者はあまり読んでくれない。かりに読んでも、内容について具体的な指示がない。だから日報を書くことはムダであると考えている。

③ 意識の中には、日報を書く時間があるのなら、外に出て訪問活動をした方が業績に結びつく、という考えがある。

④ ハンディ端末や、渉外係（MA）専用の携帯端末機が導入されたから、もう日報は必要ないと思っている。

　以上のことが挙げられます。しかし、今ここで、もう一度日報の目

的・重要性を確認し、なぜ日報を書かなければならないのかを、各担当者に徹底する必要があります。

2　日報管理の目的

なぜ正しい日報を書かなければならないのか、その目的を部下に徹底しなければなりません。

(1) **日報は情報収集の報告書である**

日報の最大のねらいは、地域からの情報収集の報告書だということです。

組合員・顧客や競合金融機関の動きを的確に把握し、管理者に報告すると同時に、その情報を必要とする他部門へ迅速に流す必要があります。これらの情報は、おのおのの関係部門において、競合金融機関対策や推進企画や商品開発などの戦略に活かされていくわけです。そして、さらに本店においては、第一線の生々しい情報が入ることにより、意思決定の際の重要な手がかりとなります。

したがって、各担当者は、この重要な情報の収集意欲を高め、訪問活動においてきめ細やかな日報を記入しなければなりません。日報の右側の訪問内容・情報欄がまっ白な日報は、深く反省しなくてはならないのです。

その日の日報だけを携帯させ、訪問メモとして活用するのもよいでしょう。

訪問先を退出した後、バイクに乗る前に情報をメモしておけば、帰店後記入するわずらわしさから解放されます。また、正確な情報収集が可能になります。まず、情報欄の余白を埋めることからが必要であり、情報欄が空白の日報に管理者が検印するのは、その意識が疑われます。

(2) **日報は業務報告である**

訪問活動は、管理者の目の届かない場所で業務を遂行しているのですから、その日の活動状況を、実績を含めて正式に報告する義務がありま

す。これを放棄してはなりません。管理者は、正確な業務報告を求めなければなりません。

(3) 日報は行動の反省書である

　日報は、管理者のためだけに書くのではありません。管理者に見せるだけでなく、自分の１日の活動の反省をする機会でもあります。つまり、自己管理のための日報でなくてはなりません。さらに、記録をとることにより、今までの経過や訪問活動から今後の活動方針を考えるのに役立つものでなくてはなりません。

　日報は、ＰＤＣＡに不可欠のものなのです。管理者からいわれ、仕方なく提出するというのではなく、日報そのものを活用して、自己改革をめざすものでなくてはなりません。

　また、管理者にとっては、指導ツールでもあります。

(4) 日報は自己ＰＲ書である

　日報は管理者のために書くものではなく、自分のために書くものであることを再認識させなければなりません。日報を通じて、自分が１日一生懸命に活動したことを、管理者やＪＡ自体に理解してもらわなくてはならないからです。

　別な表現をすれば、「自分は、こんなに努力しているのだ、こんなにがんばっているのだ」ということがわかってもらえるような日報を書かせる必要があります。いいかげんな日報を書くということは、部下にとってマイナスの証拠を残すことになりかねないのです。

　各担当者とも、自分はこんなに使命感を持ち、こんなに役割意識を持って活動しているのだ、という情熱あふれる日報が書けるように指導する必要があります。

(5) 日報は管理者とのコミュニケーションペーパーである

　管理者は、日報を通じて各担当者と意思の疎通を図らなければなりません。そして、相互理解を深める必要があります。日報は、失われつつある部下と管理者とのコミュニケーションチャンスを復活させるツール

でもあります。

原則に基づいた日報が書けていると、管理者は、それに対するアドバイスや問題解決の方向を示すことができるのです。日報を通じた話し合いを定期的に設けることにより、指示・命令の一方通行ではない意思の交流が図られます。

そして重要なことは、日報を通じて部下が活動した結果としての見込情報を、より正確により多く把握することで、見込管理を強化することができるのです。

見込みのない部下に対しては、新たな具体的指導目標を与えなければなりません。

5 目標による管理強化のためのコミュニケーションポイント

管理者	10	=	部下に期待すること	部下のやったこと	=	4
	↓			↑		
	−3	=	指示命令のあいまいさ	報告の受け方のあいまいさ	=	−3
	↓			↑		
部　下	7	=	上司が私に期待すること	→ 私はやった	=	7

1　指示命令のあいまいさをなくす

目標管理をするために、管理者は多くの指示命令を出すことになります。しかし、その内容においてあいまいさがあると、部下は理解力に格差があり、それぞれの判断力でその目標をとらえます。

部下とのコミュニケーション能力がないと、0.7^2の法則が働き、部下に10期待しても部下は、上司が期待することは7だと受け止めます。もうすでに−3のギャップが生じています。

「できる限り頑張ってほしい」、「何とか目標達成するように」とか、あ

いまいな指示は禁物です。

2　正しく報告を受ける

部下は、管理者の指示どおり7実行します。そして実行したことを報告します。

報告には、事前報告・異例報告・中間報告・結果報告がありますが、タイムリーな報告を正しく受けないと、ここでも、0.7^2の法則が働き、実行した7の実績は、－3の減点により、4しか管理者に伝わらなくなります。より正確に報告を受けなければなりません。日報の重要性もこの点にあるのです。

結果として、管理者は「私が『10』部下に期待したにもかかわらず、部下は『4』しかやっていない、50％以下だ」という不満を持ちます。反面、部下は「私は、上司にいわれたとおり『7』やった」という満足した状態にあります。その結果として、管理者の評価は低く、部下は「自分のことを正しく評価してくれない」という不満を持ち、やる気を失いモラルダウンしてしまいます。

この状態では、店舗総合力の発揮はとても望めません。目標管理体制を確立するためには、ビジネスコミュニケーション能力の強化が不可欠です。

■まとめ■

～管理の考え方～

管理とは「厳しく監視」することでしょうか。また、「アメとムチ」で動かすことでしょうか。さらに人間関係を重視した放任主義で目標達成することでしょうか。

「こうすれば一生懸命働いてくれるだろう」というのは、上司の錯覚にすぎないのです。

はたして、部下のやる気を本当に引き出すことができているのでしょうか。
　そういうことで、「組織は、人なり」といいます。厳しく変化する環境の中では、変化に対応する人のメンタリティの発揮が必要となります。それは、1人ひとりのやる気、意欲、自主性、積極性を引き出すことです。このシステムが目標管理であり、目標管理システムは、人を育てるしくみづくりと人づくりです。
　管理者には、まず勝者のメンタリティが必要になります。

9　部下指導育成の基本

　管理者は、誰しも部下指導育成の必要は、充分に認識していると思います。しかし、人を育てるのは簡単なことではありません。いくら部下のためによかれと思っていろいろ教えても、いっこうに効果が見られず、いら立つケースも少なくありません。

　逆に、部下によっては、自力でどんどん成長するケースもあります。

　いずれのケースにしろ、やはり成長のきっかけは職場における管理者が最大の要因であろうと思います。部下指導育成のマネジメントが目標管理体制でもあります。

　育成目標のもとに、計画的に、意図的に、持続的に行われなければなりません。

　思いつきや、いき当たりばったり、自己流では部下にとって決してプラスにはなりません。正しい育成マインドを理解する必要があります。

1　正しい指示命令の出し方と育成方法

　ＪＡにおける管理者は、部下管理の重要なポイントがあります。

　まず、ＪＡで決定された基本目標・方針により、自店の行動目標・方針を立て、それを部下に割り当てて実行させ、管理し、事業計画と目標が達成できる環境をつくることです。

　さらには、目標管理システムで、業務を通じて部下を指導育成し、能力開発を行い、組織全体のパワーアップをめざすことです。この原点が、

管理者が出す指示命令です。このスキルの差が、目標達成を左右することになります。

そのポイントを整理します。

1　目的や期限を明確にする

指示する際は必ずその業務について、目的や必要性をはっきりと理解させる必要があり、また、いつまでに終了させるか、その時間・期限を明確に指示することも重要となります。

① 指示を出すときは、目的とポイントを整理し、明確に伝える
② 指示命令の背景を理解させる
③「本店からの命令」は禁句、自分の言葉で伝える
④ 上からの指示命令に異論があっても、絶対表に出さない
⑤ 「大至急」などあいまいな指示は出さない
⑥ 部下の能力を考え、時間の見積りを立てタイムリミットを示す

2　指示を出したら援助の姿勢を忘れない

管理者は常に部下に対して、率先垂範のポーズをとり、支援・サポートを行うことで、部下のやる気を引き出すことができます。

① 指示を出すとき、管理者の持っている情報や資料は、必ず提供する
② 指示を出すとき、自分の体験談や参考事例も必要である
③ 指示を出すとき、励ましの言葉を忘れてはいけない

3　部下の経験・能力に応じた配慮をする

部下には、経験豊富な者もいれば、他事業から配転された新任担当者、あるいは新入職員もいます。意欲的な者もいれば、自信のない働く意義を持てない職員とさまざまなタイプの職員がいます。

したがって、管理者はワンパターンではなく、部下の経験や能力を見極めて指示を出さなければなりません。

① ベテラン職員には、全体像を示し細部は任せる
② 業務に対して意欲的な部下には方針を示し、指示は、アドバイスにとどめる
③ 手段は任せても、管理者としてのやり方・仮説は用意しておく
④ 新人には、細かく指示命令をする
⑤ 優先順位や方法を部下自身が考えるよう指導する

4 まず手本を示してモラールアップさせる

業務について精通していない部下に指示を与える場合、ただ教えるだけでなく、やってみせることによりモラールアップされ、より高いレベルで業務が遂行されます。

① 新人・新任担当者には教える→やってみせる→やらせてみるの基本で育てる
② 推進活動においては、同行指導が効果的である
③ 同行推進に行く前のロールプレイングの実施
④ 難易度の高い業務は、管理者自らが率先垂範
⑤ 規律・ルールなど細かいことも率先して守る

5 報告を徹底させアドバイスでフォローする

指示命令がすべて順調に実行されるとは限りません。管理者自らがフォローすることが必要であり、必ず中間報告させ、助言により援助することが大事です。

① 命令は出しっぱなしにせず、必ずフォローする
② 中間報告をしない部下には、管理者の方から求める
③ 問題点が生じたら、その時点で報告させる
④ 部下からの提案を不採用にするときや中断させるときは、その理由を十分説明する
⑤ スランプの部下には、自分ならこうすると管理者の案を示す

6　結果はきちんと評価して次のPLANに活かす

　指示命令を出した管理者は、結果についてはタイムリーに報告を受け、結果を正しく評価しなければなりません。ストロングポイント、ウィークポイント、またプロセスも検討し、次の計画にはレベルアップした指導をしなければなりません。

① 自分が出した命令・指示が終了したら、必ず部下から管理者への報告を義務づける
② 業務終了後、努力が認められるケースでは、必ずほめる
③ 成功事例は、具体的体験談として朝礼やミーティングにおいてスピーチさせる
④ 部下にミスがあっても、責任は管理者がとる
⑤ 目標未達でも全否定せず、評価するべき点は、ほめる
⑥ 結果がダメだったとき、プロセスに甘えることは許さない姿勢も必要である（責任転嫁も許さない）
⑦ 計画を実行し成功させた部下には、次は計画の立案から参加させ育成に努める

2　正しい注意の仕方で部下は成長する

　部下の指導育成をする際、部下に注意をしたり、叱ったりする場合があります。しかし、時代の変化とともに、管理者の中には部下との人間関係が悪くなったり、職場のムードが暗くなるのをおそれて、注意をせず叱らないケースも少なくありません。

　また、メンタルヘルスへの無理解により、それを避けることも多いようです。たしかに、間違った注意の仕方では、トラブルが生じやすいと思います。しかし、注意も叱りもしない職場では、致命的なミスにつながる場合も多いでしょう。

よいことをしても悪いことをしても、管理者が何もいわず、無関心をよそおうと、部下はやる気を失ってしまうでしょう。

部下が萎縮しない、職場活性化のための正しい注意の仕方の原則を以下にまとめます。

1　部下の立場に立って場所と機会を選ぶ

部下といっても、1人ひとり立場は違います。部下の立場を無視したり、性格を考慮しないワンパターンのやり方では、部下は反発したり、心が傷つきダメージを受けるケースもあります。注意や叱責が管理者の自己満足になってはいけません。

① 小さな過ちはその場で注意し、大きな過ちは後でただす
② 言葉の乱れ、書類のミス、身だしなみなどは、その場で注意する
③ 部下の経験、性格、立場を考えて人前は避ける
④ ベテランの部下が初歩的なミスをしたときは、人目を避けて注意する
⑤ 年上の部下に注意をするときも人前は避ける。ただし、ミスをしたことは特別扱いしない
⑥ 組合員や顧客の前で部下への注意は控える
⑦ 同行推進中も注意は控え、帰店したらすぐ注意・指導する
⑧ 上司の前でも自分の部下を厳しく注意しない
⑨ 次席者と方針が違うときは、個別に別室で話し合いをする

2　自分から気づくきっかけを与える

注意をすることは、部下の成長を願ってするのだということを部下に理解・納得させることが重要です。部下が納得しないと注意した効果は期待できません。自ら気づくことが理想であり、管理者はそのサポート役であり、自主性を育てることが求められます。

① 注意するときは、最初から自説を押しつけない

②　ミーティングなどで課題の情報を共有化し、全員で考える習慣をつける
③　終礼において、クレーム・苦情などを確認し合う
④　なぜ悪いのか、なぜ失敗したのかを考えさせる
⑤　ミスを繰り返す部下でもあきらめず、根気よく指導する
⑥　ベテラン職員に注意する時は、命令調でなく提案調で行う

3　具体的事実を確かめ簡潔・明瞭に

　必ずトラブルの内容が事実であることを確認し、くどくどと長くならないように明瞭に注意することが必要です。大切なことは、部下を納得させることに重点をおくべきです。
①　組合員・顧客からのクレームはまず謝り、その後で注意する
②　注意や叱るときは、勘違いがないよう、必ず事実を確認する
③　部下が上司に叱られているときは、内容によって部下をかばう
④　部下が上司に叱られているときは、いっしょになって責めない
⑤　回りくどい、いい方やしつこく注意するのは避ける
⑥　注意は、1度に3つ4つもしないで短めにする
⑦　部下への注意は、どこがどう悪いのか具体的な言葉で指摘する
⑧　感情的に叱らない
⑨　注意するときに他の職員との比較は避ける
⑩　トラブル発生時、原因追及もいいが、過去のケースまで言及するのは控える

4　部下のいい分を十分に聞いて解決策を共に考える

　クレーム・トラブルの時部下のいい分を聞くことは、現状把握の情報収集をすることができます。管理者は、聞き上手になり解決策を共に考えれば共感体制も生まれます。
①　マンツーマンのときは部下の主張をよく聞いてやる

② 部下の話を途中で批判したり、話を中断させない
③ 叱った後のフォローは後日、別の機会を持つ方が効果的である
④ 自分のミスを認めて報告にきた部下は叱らない
⑤ 報告しにくい近づきがたい態度や雰囲気をつくったりするのは、管理者としてふさわしくない
⑥ 努力しても結果が出ない部下には、励まし、共に問題点を話し合う
⑦ 注意した後のフォローが大切で、いっしょになって解決策を考える
⑧ 実績が悪いときほど声をかけ、励ますチャンスを多く持つ

5　よい点をほめてこそ成果も上がる

ほめたり励ますことによって、注意が効果的になります。ほめることが多くなると、部下はやるべきことをすれば認められると意欲的になるはずです。ほめることも管理者の大切な仕事であると認識すべきです。
① 注意をする場合でも評価すべき点にふれる
② 叱った翌日は、必ず励ましの言葉をかけフォローする
③ 注意によって改善されたときは必ずほめる
④ 新人には少しの好結果でもほめ、自信をつけさせる
⑤ ほめるときは朝礼で具体的にほめる
⑥ 失敗をくり返す部下になぐさめの言葉は、時として甘えの体質をつくるきっかけになる
⑦ ほめることもできない、注意をすることもできない管理者はその立場を失う

3　求められるコーチングスキル

部下指導育成において、さまざまなスキルを身につける重要性があり

ます。そのスキルの中でも注目されているのがビジネスコーチングです。"コーチング"という言葉は、今やビジネス界では常識になり、管理者にとってコーチング・スキルを身につけることが最低条件となりました。

部下のタイプも多様化し、部下指導力のバリエーションを広げなければならなくなりました。コーチングスキルについていろいろな解釈・考え方がありますが、ＪＡバンクにとって最もふさわしいスキルを紹介したいと思います。

1　ＯＪＴ・Off ＪＴ・ＳＤの人材育成サイクル

人材育成のサイクルは、ＯＪＴ（On The Job Training）を基本とし、Off ＪＴ（Off The Job Training）そして、ＳＤ（Self Developmennt）をバランスよく連動させ、相乗効果を発揮することです。

コーチングは、それを可能にするスキルであるといえます。また、目標管理システムをよりよく運営するスキルでもあります。

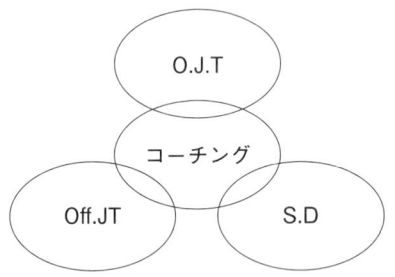

```
        O.J.T
      コーチング
   Off.JT    S.D
```

（出所：本間正人氏による位置づけ）

(1)　ＯＪＴ・ティーチング能力のアップ

コーチングスキルのマスターの基礎的能力はティーチングであり、コーチングはＯＪＴを否定するものではありません。基礎的能力が身についてないと、ハイレベルのスキルが発揮できなくなります。その基本となるＯＪＴについて再確認します。

①　ＯＪＴとは職場内研修

日常業務を通じて、部下を計画的に意図的に育成・指導・訓練するこ

とです。したがって、管理者は、OJTI（インストラクター）であり、日常業務に関する知識・技術を保有することが必須条件になります。

OJTIが業務知識が欠如していれば、OJTは不完全なものになります。

② OJTIの心構え
　イ　日常において部下から信頼される行動をとる
　ロ　上から目線でなく、部下にアドバイスをするつもりで接する
　ハ　管理者のレベルで部下に要求しない
　ニ　身につくまで、ねばり強く繰り返し指導する
　ホ　ティーチングスキルのレベルアップする

OJTのスキルとしては、ロールプレイングなどを中心とした集団指導方法もあれば、コーチング法を中心とした個別対応指導方法もあります。

正確にOJTニーズを発見し、的確なOJT目標を設定し、動機づけがなされたならば、OJTにより部下は業務遂行能力の基本的知識・技術を習得し、さらにコーチングにより能力開発は加速されるはずです。

(2) **Off JTとは集合研修**

OJTを充実させるために、各階層・各業務別に研修体系がプログラム化されており、必要な知識技術習得のため、部下には積極的に参加させるよう、配慮しなければなりません。そのとき注意すべきは、部下に動機づけをし参加させることが重要です。また、管理者自身も研修の際は、学ぶ感性を磨き、積極的に取り組まなければなりません。

(3) **SDとは自己啓発・自己学習**

現在の業務における管理者の能力開発を図るため、人間としての自分の成長を図るために、自分の責任において啓発を行わなければならないのです。

管理者の能力以上に部下は成長しないものであり、管理者自らの学習によりOJTのベースになる能力の多様化を図る必要があります。

人材育成のサイクルであるOJT・Off JT・SDの店舗内体制を総チェックし、さらなるレベルアップスキルとしてコーチングの正しい理解をしていただきたいと思います。

2　ビジネスコーチングの基本

コーチングが注目を集めた背景には、社会的激変により従来のOJT中心の育成方法に限界が生じたことです。また、管理者自身が「かつて自分が受けた指導方法では、今の若い世代の部下にはまったく通用しない」と強く感じているからであろうと思います。

そこで、部下を指導育成訓練するためには、OJTからコーチングへとそのスキルアップが求められています。

(1)　ビジネスコーチングは部下の能力を引き出すスキルである

ビジネスコーチングは、部下の潜在的能力を信じ、1人ひとりの個性を認めて自主的な目標設定を任せ、組織集団を持続的にパワーアップさせるためのコミュニケーションスキルです。

(2)　コーチング成功の3条件

コーチングスキルを発揮しても成果が上らない場合がありますが、それは基本となる条件が満たされていないというケースが多く見受けられます。これは、管理者の無理解が原因であると思われます。

①　管理者が一方的に指示を与えるのではなく、判断・答えは部下から引き出すことが基本となります。判断の主体を管理者でなく、部下に徹底的に委ねることです。部下の意見に反論することなく、我慢し続けて部下に考える能力を身につけさせなければならないのです。

②　管理者は、まず部下の味方になることです。部下が、上司は自分の味方であると理解するならば、部下は管理者を信頼し、全力で業務・目標に挑戦するであろうと思われます。

③　部下の自発的な行動をいかに引き出すことができるかです。やらされた感が充満するといつまでも部下は成長しません。たしかに、指示

命令だけでも動きますが、それは自発的な行動ではありません。部下は、自分で決めたこと・判断したことは、自らが積極的に行動に移すであろうと思います。部下による自発的な行動は重要なテーマです。

(3) **管理者のコーチングマインドのキーワード**

管理者として、指導スキルを向上させるにはブレないコーチングマインドを持つことが大切です。

① 部下との相互信頼を構築すること

お互いを信頼する関係づくりのためのコミュニケーション能力が求められます。また日頃から、信頼される管理者自身の言動が注目されます。

② 目標達成協力関係を構築すること

部下に目標をノルマの如く押しつけるのでなく、達成のためにいかにサポートできるか、協力体制を構築することが大切になります。

③ 個性活性化の指導手法を構築すること

部下1人ひとりには個性があり、特性があります。画一的ワンパターン指導方法でなく、部下個々に対応する指導方法を確立しなければなりません。

④ 部下成長の感動の機会を構築すること

コーチングスキルにより部下が成長したことに感動し、目標達成したことを共に喜ぶ・感謝する機会をいかに多く持つことができるかがカギとなります。

3　コーチングのステップ

コーチングを実感するには、流れを理解する必要があります。しかるべき手順を踏まないと、その成果が出ません。従来どおりの指示命令がすべてでは、部下は成長しません。

基本的な事項に関しての指示命令のあり方は、すでに解説しましたが、さらに管理者自らが大きく脱皮し、レベルアップする必要があります。

(1) まずリラックスさせる

部下は、緊張したり不安を抱いているケースもあり、リラックスさせてやる必要があります。部下が失敗したときであっても、管理者がイラついては部下は萎縮してしまいます。

(2) 現状を聞く

部下の話に耳を傾け、現状のヒアリングを行います。部下の悩みや問題点を、最後までじっくり聞いてやる必要があります。

(3) めざすべき目標を聞く

部下の達成したい目標や理想のゴールを聞き取ることからはじめます。管理者は、部下の目標達成の支援をするのが目的ですから、そのめざすべきゴールを確認する必要があるのです。

(4) 課題を特定する

目標と現状のギャップを確認すれば、課題や問題点が明確になります。管理者はひたすら質問して、課題を特定させる必要があります。

(5) 行動計画を立てさせる

課題を特定したら、次は解決策を検討させ、その実現のための具体的行動計画を作成させます。アクションプランが作成できないときは、管理者は援助としていくつかのプランを示し、部下に決定させます。

(6) 進捗状況をフォローする

部下が自発的に行動し、目標達成ができるように最後まで責任を持ってフォローし、常に進捗状況をチェックする必要があります。部下の完全実行により、ゴールに到達できるのです。

4 コーチングのスキル

コーチングにはさまざまなスキルがありますが、実践に役に立つ基本的な事項を整理します。

(1) 話し合いの場づくりのスキル

部下との話し合いをするとき、正面に向い合って座るとそれは理性の

空間であり、部下も緊張し、自由な話し合いができません。

同じ机の同じサイドの横に座るとそれは情の空間ともいわれ、コミュニケーションが図りやすくなります。

(2) 聴くスキル

コーチングでは、最も重要なスキルです。

ポイントは、部下の話を否定しないで最後まで聴くということです。聴き上手になるには、ただ黙って聞いているだけでなく、あいづちを打ったりうなずいたり、いわゆるアクティブリスニングを心がけることが必要です。部下の話をじっくり聴くには忍耐力が必要なケースもありますが、常に最後まで聴く姿勢が信頼関係を強くするのです。

(3) 質問のスキル

部下に意見を求めても、なかなか反応がないときがあります。そんなときに質問のテクニックが必要になります。

① YES or NOで尋ねる質問
② YESを引き出す、念押し確認の質問
③ A or Bというように選択肢で尋ねる質問
（これらは意見の出ない部下には効果的）
④ 自由回答で事実や意見を尋ねる質問

これらの質問を効果的に使い分けることにより、コーチングスキルがアップできます。ただし、注意すべき、禁句になるような"なぜ""どうして"ではじまる理由を尋ねる質問は、避けるべきです。

部下を責めるような質問にならないように注意しなければなりません。

(4) 計画のスキル

具体的な目標や計画を作成するスキルですが、目標は、一方的に押しつけず、お互いに合意のうえで作成することが大切です。

(5) 心のスキル

部下の心の満足を実現するスキルです。その代表的なスキルは、ほめることです。事実をほめる、タイミングよくほめる、心をこめてほめる

ことが大切になります。

「やってみせ、いってきかせて、させてみて、ほめてやらねば、人は動かじ」

連合艦隊司令長官・山本五十六の言葉ですが、コーチングのベースとなるスキルであると思います。古典的ではありますが、管理者のマインドとして今一度再評価すべきであろうと思います。

部下とのよきコミュニケーションを復活させ、部下の自発的な考え・行動により、目標達成の感動を共有化できる活力ある店舗づくりを期待します。

4 渉外担当者の指導育成

ＪＡの渉外係は、ややもとすると調達・貯金重視の印象が拭い切れません。しかし、これからは、収益に貢献するためにも、自分で調達した貯金の50～60％は自分自身でローンとして売っていくという調達・運用バランスのとれた渉外係が求められています。すでに解説しましたが、再確認してください。

1　管理者が期待する渉外係とは

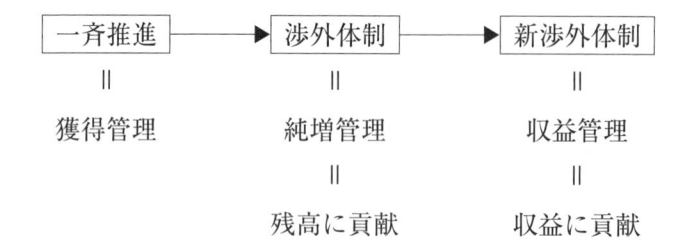

```
一斉推進  →  渉外体制  →  新渉外体制
   ‖          ‖           ‖
 獲得管理    純増管理     収益管理
              ‖           ‖
           残高に貢献    収益に貢献
```

以前は、ＪＡの推進体制は、獲得主義の一斉推進体制が主流でしたが、ライバル金融機関の攻略に対抗するために、渉外体制が導入されました。それは、獲得主義から純増主義への大きな転換であり、渉外は純増管理

によって、店舗の残高に貢献することが期待されました。自分の目標が達成できても、店舗の目標が達成できなければ意味がないのです。

さらに、競争が激化し、ＪＡの収益が圧迫される中、店舗別収益管理が重要になりました。渉外係は当然期待値が高まり、店舗収益に貢献する担当者にレベルアップしました。

まだ集金中心の渉外担当者が存在するならば、それは管理者の指導力が問われます。集金は、あくまでも有効面談できる貴重なふれあいのチャンスであり、そのチャンスを通じてメインランクアップの提案活動を行うのです。

今、貯貸併進のパワーアップした渉外担当者の育成が求められています。自分のコスト以上に事業総利益を出せない赤字渉外は、経営者が許してくれません。収益に貢献する渉外担当者が期待されています。

2　渉外担当者の３大使命～渉外活動の原点～

(1) 新規開拓

渉外係の重要な任務に、新規開拓が挙げられます。顧客づくりこそ渉外係に課せられた使命です。しかも、その条件は、どこでも誰でも開拓すればよいというものではなく、来店誘致可能な顧客の新規開拓に力を入れるべきです。

かりに、渉外係が１人800件の取引先を担当していても、必ずといってよいほど"蒸発現象"が起きます。取引先・貯金者が消滅するのです。一滴の水も漏らさぬ容器に水を入れて、ふたをしていても、時間が経過すれば必ず水は減少します。それは自然蒸発するからです。

取引先・貯金者も同じです。いろいろな原因で毎年取引先は減少し続けています。蒸発現象を放置すれば、取引先の減少とともに実績もジリ貧になるであろうと思われます。だから、容器に新しく水を補充しなければなりません。新規取引先の開拓は、どうしても欠かせないのです。

しかしながら、新規開拓力のない渉外係を多く見かけます。集金人に

なってしまい、新規訪問件数が激減しているのです。集金の効率化を図り、新規訪問のウエイトを高める指導が求められます。毎日5件でも10件でも新規訪問するとか、毎週水曜日は、"ノー集金日"にするとか、何らかの工夫が必要です。

次に、新規開拓の技術が低下していることが挙げられます。ロールプレイングにより、推進技術の向上指導をしなければなりません。

そして、精神力の弱さが見られます。どこへ行っても"ノー"と断わられるだけで、歓迎してくれる先はありません。断わられても、断わられても、あきらめず、ねばり強く訪問するという精神力が欠如している担当者が増加しているようです。管理者として、この渉外係のウィークポイントをバックアップしなければなりません。

(2) 家計メイン化と客別メイン化

私達は、単なる取引先の拡大だけでなく、深耕開拓により総合取引をめざさなければなりません。新規開拓により取引世帯を増加させ、深耕開拓により取引先数を増加させ、さらに、取引科目の増加と取引口座数を増加させなければならないのです。

そして公共料金自振、年金、給振、さらにローンなど、入出金のパイプづくりや機能サービスにより、取引のメイン化を図らなければなりません。つまり、家計において、ＪＡがメインバンクになることであり、これが渉外係の使命なのです。

メイン化を進めるためには、必ず世帯状況表の活用により世帯別に訪問目的を明確にしなければなりません。

そのためには、それぞれの世帯別にしっかりと訪問準備についての管理指導を強化しなければ、成果は上らないでしょう。訪問準備をするには、世帯別のメイン化目標が明確になっていなければなりません。その基本となるのが、取引状況を中心とした顧客管理の強化です。

(3) 地域の情報管理

3つめの使命は、地域の情報を管理することです。情報なくしてロー

ンセールスなく、情報なくして提案型セールスなし、ということがいえます。

渉外係は、ＪＡのレーダーであり、センサーなのです。"情報"とは、新規開拓や深耕開拓・メイン化の取引の目標達成のために有効なすべての事実や知識のことです。

情報は、ただ待っているだけでは集まりません。「情報は、足で稼いで頭でまとめる」、そういう渉外係の活動こそが決め手であり、情報収集目標を設定し、指導管理強化をする必要があります。

3　渉外担当者の主な担当業務

新渉外活動を指導するうえで、再度その基本となる担当業務・役割を確認してもらいたいと思います。

(1) **顧客開拓業務**
① 既存顧客の深耕開拓
② 新規顧客の開拓

(2) **調達業務**
① 貯金商品の獲得
② 機能商品の獲得
③ 顧客ニーズに基づく外貨貯金・投資信託等の販売または紹介

(3) **運用業務**
① ローンの獲得・生活関連情報収集
② 制度要綱融資・活かす情報の収集と担当者への提供

(4) **提案・相談業務**
① 顧客のライフサイクルに見合った貯蓄・ローン提案
② 年金相談
③ 所得税・譲渡税・相続税等の節税相談

(5) **集金・サービス業務**
① 月掛け・日掛けの集金

② その他信用事業に係る配達サービス

(6) **管理業務**
① 提案型先行満期管理（定期・定積・ローン）
② 自己目標・店舗管理目標
③ 顧客管理
④ 担当地区管理
⑤ 情報管理
⑥ 自己の行動管理

4　渉外担当者の指導育成目標

　渉外係の使命は、実績を上げることです。そのために、金融商品を売らなければなりません。しかし、いきなり商品を売り込んでも、なかなか売れるものではありません。商品情報を売らないと、商品が売れない時代なのです。

　ここで、渉外係としての基本的役割を、下の図をもとにして再確認してみたいと思います。

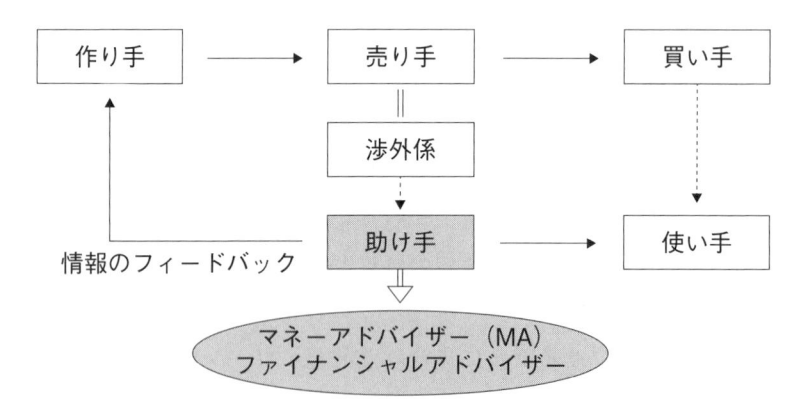

```
┌─────┐     ┌─────┐     ┌─────┐
│作り手│ ──▶ │売り手│ ──▶ │買い手│
└─────┘     └──╥──┘     └─────┘
   ▲           ┌──┴──┐        │
   │           │渉外係│        │
   │           └──┬──┘        ▼
情報のフィードバック │         ┌─────┐
                 ▼         │使い手│
              ┌─────┐ ──▶ └─────┘
              │助け手│
              └──┬──┘
                 ▽
       ╱マネーアドバイザー（MA）　╲
       ╲ファイナンシャルアドバイザー╱
```

　金融新時代を迎えた今、かつての時代のように物売りや単なるセールスマンでは通用しません。売ろうとすればするほど、組合員・顧客は逃げてしまうでしょう。すべての商品の普及率の低い時代は、組合員・顧

客は商品を買って喜ぶ単なる商品の"買い手"でした。

しかし、普及率が高まり、組合員・顧客は単なる商品の買い手ではなく、よりよい商品を求め、よりよく使う"使い手（ユーザー）"へと変容しました。

そのお客様の変化に気づかず、いまだに売り手として活動している渉外は、もう組合員・顧客から相手にされないはずです。結果として実績は上がりません。

ゴリ押しのアクの強い推進技術や、口の上手な泣き落としの技術は、必要とされません。組合員・顧客の資金形成のお手伝いがどうできるのか、その"助け手"としての能力が求められています。助け手のいないＪＡには魅力がありません。

渉外係の基本的役割は、売り手ではなく、組合員・顧客の助け手、すなわちマネーアドバイザーになることです。管理者は、日常業務を通じて、地域から、組合員・顧客から好かれる、役に立つ、信頼される渉外担当者の育成を心がけなければならないのです。

5　渉外担当者の指導育成ステップ

巻末資料の「渉外担当者チェックリスト」を参考に半期に一度、下記の各ステップごとに渉外担当者の実態を把握し、渉外担当者自身の改善目標と管理者としての指導目標が、ギャップのないように徹底させていただきたいと思います。

　　ＳＴＥＰ１：行動管理
　　ＳＴＥＰ２：目標管理
　　ＳＴＥＰ３：商談技術
　　ＳＴＥＰ４：満期管理
　　ＳＴＥＰ５：顧客情報管理
　　ＳＴＥＰ６：ローンセールス相談機能

5　窓口担当者の育成方法

　窓口担当者には、男性職員も女性職員もいますが、圧倒的に女性職員が多いので、ここでは女性職員と限定して、その育成方法を検討します。その窓口担当者は、店舗戦略を展開するうえで重要なキーパーソンであり、担当者の能力が業績として現れます。

　指導方法については、一歩間違えばセクハラになりかねません。しかし、それを避けると能力開発・育成が阻まれますので、適切な指導方法を身につける必要があります。

1　女性職員の戦力化

(1)　新消費リーダー＝消費の決定権は主婦・女性

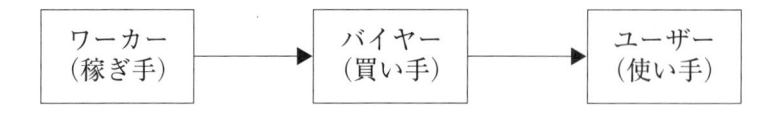

```
┌─────────┐    ┌─────────┐    ┌─────────┐
│ ワーカー │ →  │ バイヤー │ →  │ ユーザー │
│（稼ぎ手）│    │（買い手）│    │（使い手）│
└─────────┘    └─────────┘    └─────────┘
```

　従来は、消費の決定権は、ワーカーすなわち稼ぎ手にあり、「お父さんの許可がないと何も買えない」という時代がありました。

　その決定権は、給振の普及により「亭主元気で留守がいい」となり、バイヤー、ユーザーへと移行しました。物の使い手、ユーザーは誰かというと、それは主婦・女性です。耐久消費財の80％は主婦・女性であり、住宅も水回り中心にユーザーは主婦です。ある銀行では、主婦のことを家計経営者＝ハウスマネージャーと呼んでいるケースもあります。

(2)　横の説得者としての女性の営業係の戦力化

　決定権を持っているのが主婦・女性であるならば、その主婦・女性を説得するにはやはり女性が適任であるといわれます。

　それは、生活の中で感じる金銭感覚を理解できることや、女性ならではの気遣いなどの点から、女性職員が適しているということであり、そ

のためには、女性職員の戦力化が重要になります。

業績のよい企業は、女性社員の活躍があります。中高年市場においても、やはり女性を説得しなければ、勝者にはなれません。

団塊世代の消費の主役は女性であり、購入決権を握り、財布のひもを握り、その数でも男性に勝っています。平成24年現在において、団塊の女性の人口は338万人と男性より13万人も多く、シニア市場を取り込むためには女性からの支持が欠かせません。

(3) **企画開発担当者としての育成**

主婦・女性のニーズに応えるには、女性の感性を活かした企画力が必要です。推進企画、商品開発、サービス企画において、女性職員のセンスが期待されています。すでに銀行では、貯金・ローンの新商品、企画開発において多くの女性行員が活躍しています。

2　女性職員の指導育成

女性職員のもつ特性を理解したうえで、きめ細かい指導が求められます。

(1) **女性職員の特色を理解した指導**
① 上司に対する観察眼が鋭いので、服装・行動などイメージアップに努めることも大切である
② 気軽に自己主張する部下が多く、「私は、私は」という意識が強いという傾向があるので、店舗内において協力関係を構築する姿勢が大切である
③ 声かけ待ち族が多く、上司に気にかけてもらいたいと思う部下もいるため、たとえば、目標達成時はもちろん、未達時にも日頃から常に一声かける努力も必要である

(2) **指導管理のポイント**
① 無理にでも笑顔をつくる
② 朝のあいさつが決め手である

③ 清潔感第一を忘れてはならない
④ 「あなたでなくては、ダメなんだ」という期待を込めて声をかける。「あなたなら必ずできる、なぜなら○○がすばらしいから」と理由をつけて期待感を表現する
⑤ 話を聞いてほしい部下もいる（話の裏には3欲求があり、積極的に聞く努力も大切）
　イ　単に話を聞いてほしい（グチなど）
　ロ　ナイスストローク（励ましやほめ言葉など）がほしい
　ハ　問題を解決するアドバイスがほしい
⑥ どの部下にも公平に　〜With You〜　のスタンスで接する

3　女性職員のやる気を引き出す10か条

(1) 女性職員のやる気は上司の仕事に対する情熱しだい
現状の状況に甘んじて何の目標も持たず、ただ日課のノルマをこなすだけの上司を見ているとやる気は生まれません。

(2) 会議に参加してもらう
参画意識を持たせることにより、モチベーションがアップします。

(3) 日頃から目標を具体的に示す
具体的行動目標が、意欲を高めることになります。

(4) 日常の仕事の中で自己の成長と結びつくようなターゲットを与える
「仕事がおもしろくなってきた、仕事がおもしろい」ということには、自分の視野が広がった、自分が成長したという意味が入っています。

(5) 忙しくて話を聞いてやれないときは、聞くことのできる具体的な時刻を示す
「また後で」という対応は、無責任になります。

(6) 女性職員の存在がいかに重要かを繰り返し教える
「なくてはならない存在」と意識させることが大切です。

⑺ **一定程度の仕事がこなせるようになったら一段高い仕事を与える**
レベルの高い仕事を任せることは、最高の評価になります。

⑻ **思い切って責任ある仕事を任せる**
これは、真に期待感の表われです。

⑼ **自己啓発を促進するには資格取得に挑戦させる**
信用事業を他金融機関に負けないレベルにするためにも、常にチャレンジさせる必要があります。

⑽ **女性職員に対する期待感を積極的に表わす**
「私は上司に期待されている」という意識を持たせることも大切です。

4　女性職員との信頼関係をつくりだす10か条

⑴ **何でも相談できる人間関係をつくる**
日常の振る舞いのなかで、何でも聞いてくれる人、話しやすい人という関係をつくりあげることが大切です。

⑵ **特定の女子職員だけを愛称で呼ぶことはしない**

⑶ **退店後に女性職員を誘うときは、特定グループだけでなく、店内の全員に声をかける**

⑷ **女性職員の動向に関心を払う**
女性職員の動向にあまり関心を払っていない「女性オンチ」の管理者は概して浮き上がります。人間同士の信頼がないところには、部下も能力向上への意欲は湧かないのです。

⑸ **過去の自慢話はしない**
過去の自慢話は女性職員の信頼を得るのに何の役にも立ちません。

⑹ **女性職員に対する甘えを断ち切る**
いわれなくてもわかるだろう、といった甘えの態度はよくありません。女性職員は、上司が思っているほど、上司に関心を持っていないものです。

(7) 集団管理するのではなく、個別に管理する
(8) 男性にない女性ならではのいい面があることを常に意識する
(9) 人間として魅力的な上司でなければ女性職員を管理できない
(10) 管理者自らが変わる

　時代とともに期待される女性職員像が変化していくように、求められる管理者像も変わっていきます。

5　窓口担当者の指導育成ステップ

　渉外担当者同様に巻末資料の「窓口担当者チェックリスト」を活用し、以下の点についての担当者の自己診断を管理者から見たチェックにより、そのギャップを埋めるための具体的指導目標を作成していただきたいと思います。
　①ビジネスマナー、②店頭管理、③事務管理、④業績管理、⑤店内セールス、⑥店周セールス

■まとめ■

〜人材育成を怠る大罪〜
- ●社会的責任を果たせない
- ●部下の能力開発の道をとざす
- ●仕事の質も量も低下する
- ●判断業務が停滞する
- ●管理者自身が犠牲者になる
- ●ＪＡの将来を脅かす
- ●忙しい→教えない→育たない→ますます忙しい

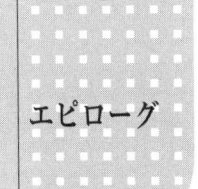

エピローグ　ＪＡバンク管理者としての能力開発

　管理者の能力以上に部下は成長しないといわれていますが、店舗経営者としてバランスのとれた経営管理能力の向上が期待されます。単なる金融管理者としての単一専門能力だけでなく、複合専門能力＝クラスター能力を習得しなければならないでしょう。
　そのためには、どうしても自己啓発が必要です。

1 管理者の自己啓発とは

　自己啓発とは、自分の責任において自己の能力向上を図り、ひいては、人生における生き方を明確にすることです。
　まず、現在の仕事における自己の成長を図り、そして人間としての成長を図ることです。そのためには、自分に対する費用と時間の投資が必要です。
　自己啓発をするためには、バランスのとれたビジョンが必要であり、①仕事のビジョン、②家庭のビジョン、③財産のビジョン、④趣味のビジョンなど、仕事だけではなく、人生にとってもバランスのとれたビジョンづくりが求められます。

2 地域社会に生きるための能力開発

　ＪＡ系統という「会社」に生きるだけでは、金融新時代に生きる店舗

経営者としては不十分です。会社という字を前後に入れ替えてみると、「社会」になります。

　これからは、ＪＡに生きるだけでなく、社会に生きることをめざさなければなりません。社会に生きるということは、地域社会の各業界、いろいろな人々とのお付き合いをすることです。地域の行事に参加したり、何かの役割を引き受けたり、また経済界との付き合い、たとえば、ライオンズクラブのメンバーになるなどです。これからは、地域社会貢献が重要になってきます。

　ＪＡ系統内だけにとどまる活動やＪＡ文化だけでは、地域社会でしかるべき役割は果たせません。ＪＡの常識が世間の非常識にならないよう、限りなく高きをめざし、能力開発に取り組まれることを期待します。

　最後に、セカンドライフ・シニア・ライフアドバイザーの川上健二氏の「５つの資産づくり」を提案します。

１　健康という資産

　セカンド・シニアライフの土台になるべきもので、単なるカラダの健康のみならずココロの健康が重要です。今からそのバランスのとれた健康づくりに取り組まなければなりません。

２　時間という資産

　日常生活の中において、時間資産をどう形成するかではなくて、どううまく効果的に消費するか、活用するかがポイントになります。現役でいる現在において、時間資産の上手な活用方法をしっかり身につけるかどうかで、セカンド・シニアライフの充実度合いが変わってきます。そうしなければ、時間をもてあますことになるでしょう。

３　能力という資産

　「終身現役」という心意気で生きることも大切です。「地域社会でお役

に立てること」を仕事と考え、その能力を地域社会に貢献するために発揮することは重要です。地域の人々に期待され続けるというのは重要なことであると思われます。さらなる能力開発に努めなければなりません。

4　人間関係という資産

いわゆるヒューマンネットワークです。日常業務・日常生活において、ＪＡグループのみの活動領域ではこのネットワークがきわめて限られた変化に乏しいものとなります。ＪＡフループ内の人間関係だけの人は、ＪＡを離れたとたんに人間関係資産が大幅に減少し、さびしい思いをすることになりかねません。今からバラエティに富んだ人的資産形成の努力をすべきです。

5　経済という資産

最後の資産は、経済資産です。生活のベースになるもので重要ではありますが、あまりに過度な経済資産への思い入れは慎みたいものです。経済資産至上主義では、必ずしも充実したセカンド・シニアライフは実現しないでしょう。

以上、５つの資産づくりのためにライフマネジメントを充実することにより、部下指導もまた、グレードアップできるに違いありません。

ミッション・パッションを持ち、ＪＡ新時代の部下を指導されることを期待します。

資　　料

- ●窓口担当者チェックリスト
- ●渉外担当者チェックリスト
- ●管理者自己チェックリスト

窓口担当者チェックリスト

　　　　　　　　　　　　　　　　　支店　　氏名

チェックリストにより、日常の窓口業務を下記の基準で採点してください。あまり深く考えないで、ありのままで答えてください。各項目A～Fごとの合計点数によりグラフを完成させ、今後の改善目標の指標にしてください。

　評価基準

　　5……完全に実施できている
　　4……かなり実施できている
　　3……ときどき実施できている
　　2……あまり実施できてない
　　1……まったく実施できてない

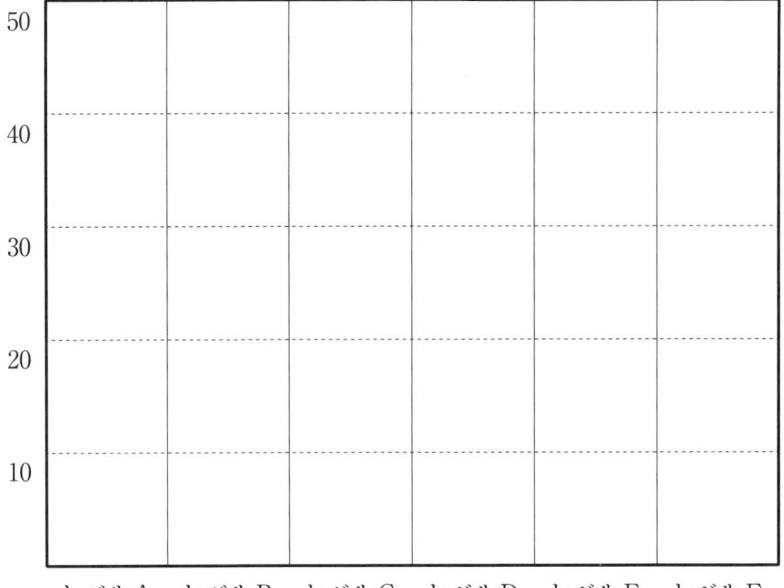

	レベルA	レベルB	レベルC	レベルD	レベルE	レベルF
50						
40						
30						
20						
10						

資　料

A．ビジネスマナー

業　務　内　容	評　価
1．お客様の名前を覚えて、名前で挨拶していますか	5 − 4 − 3 − 2 − 1
2．お客様の来店時・帰店時には、出入口とカウンター前で2回挨拶をしていますか	5 − 4 − 3 − 2 − 1
3．髪の色は、金融機関の職員としてお客様から好まれる色であり、ヘアスタイルは清潔感を出していますか	5 − 4 − 3 − 2 − 1
4．メイクは明るい表情になるようにし、薄化粧に心がけていますか	5 − 4 − 3 − 2 − 1
5．制服は決められたとおりに着用していますか（リボン・ブラウス、ネームプレート等）	5 − 4 − 3 − 2 − 1
6．靴は3cmくらいのローヒールで、動きやすいものを履いていますか（サンダル・スニーカー等は不可）	5 − 4 − 3 − 2 − 1
7．電話はベルが鳴ったら2回以内に取るようにしていますか	5 − 4 − 3 − 2 − 1
8．業務時間中は私語を慎み、仕事がスムーズにはかどるように心がけていますか	5 − 4 − 3 − 2 − 1
9．指示・命令はメモを取り、わからないことは必ずその場で確認していますか	5 − 4 − 3 − 2 − 1
10．指示された仕事については、経過について中間報告をし、また終わったらすぐに結論からわかりやすく報告していますか	5 − 4 − 3 − 2 − 1
総　合　点　数	

B．店頭管理

業　務　内　容	評　価
1．カウンターの上には物をむやみに置かず、お客様からの依頼処理がスムーズに受け入れられるように整理整頓されていますか	5 － 4 － 3 － 2 － 1
2．ライティングデスクは朝と昼の2回、ボールペン・朱肉・取引票等の補充を行っていますか	5 － 4 － 3 － 2 － 1
3．ロビーの清掃は責任者を決め、クリーンアップに心がけていますか	5 － 4 － 3 － 2 － 1
4．ロビーには、手作りポスターやチラシなどお客様にアプローチするディスプレイがされていますか	5 － 4 － 3 － 2 － 1
5．店舗周り、駐車場の植木や花壇の花は枯れていませんか。また、煙草の吸い殻や枯葉等が落ちていませんか	5 － 4 － 3 － 2 － 1
6．ATMブースは、PRコーナーとして活用し、クリーンアップを心がけていますか	5 － 4 － 3 － 2 － 1
7．マガジンラックには、お客様の好む冊子を置き、古いものについては取り替えていますか	5 － 4 － 3 － 2 － 1
8．季節に合わせたウィンドウディスプレイを心がけていますか。また、その時期のJAで売りたい商品が明確になっていますか	5 － 4 － 3 － 2 － 1
9．金利ボードは、お客様の見やすい場所に、はっきりとした文字で書かれていますか	5 － 4 － 3 － 2 － 1
10．店舗内に常に気くばりし、事務の流れや防犯に心がけていますか	5 － 4 － 3 － 2 － 1
総　合　点　数	

C．事務管理

業　務　内　容	評　価
1．札勘は面前で縦読み、横読みの2回行っていますか	5 － 4 － 3 － 2 － 1
2．訂正処理の原因を把握し、低減を図っていますか	5 － 4 － 3 － 2 － 1
3．エラー処理の原因を把握し、低減を図っていますか	5 － 4 － 3 － 2 － 1
4．オンラインコストを意識していますか	5 － 4 － 3 － 2 － 1
5．入力票はじめ備品および私用電話・ＦＡＸ・コピーなど常に経費節減に努めていますか	5 － 4 － 3 － 2 － 1
6．常時、自分のオペレーターカードを使用し、人に貸したり、また管理者の承諾なしに役席者カードを勝手に使用していませんか	5 － 4 － 3 － 2 － 1
7．入力票の照合は、オペレーションの都度、他の担当者の目で必ず行い、検印を受けていますか	5 － 4 － 3 － 2 － 1
8．通帳・証明書等重要印刷物は、受渡しの都度検印を受けて発行し、在庫管理はＪＡの規定どおりに日々行っていますか	5 － 4 － 3 － 2 － 1
9．商品知識の習得、訂正・エラーの改善意識、端末操作のスキルアップにより、お客様の待ち時間短縮に努めていますか	5 － 4 － 3 － 2 － 1
10．個人情報保護法に基づき、オンライン帳票をはじめ、お客様の記入した入力票等重要書類の取扱いに気をつけていますか	5 － 4 － 3 － 2 － 1
総　合　点　数	

D．業績管理

業　務　内　容	評　　価
1．窓口日誌を正確に毎日記入し、管理者へ提出後、店舗内で回覧をしていますか	5 - 4 - 3 - 2 - 1
2．お客様に積極的に話しかけ、常に情報収集に心がけ、店舗内で情報の共有化を図っていますか	5 - 4 - 3 - 2 - 1
3．「定期積金満期見込一覧表」を活用し、お客様ごとの定振・継続目標を設定し、提案内容、アプローチ経過、獲得結果等を記入していますか	5 - 4 - 3 - 2 - 1
4．常に、目標（店舗全体と窓口）と日々の実績を対比して把握していますか	5 - 4 - 3 - 2 - 1
5．目標達成のために管理者・MAと連携し、日々情報交換をしていますか	5 - 4 - 3 - 2 - 1
6．ミーティングを開き、目標達成するためにはどうしたらよいか検討し、対策を立てていますか	5 - 4 - 3 - 2 - 1
7．定振・継続目標に基づいて、日々帳票により満期管理を徹底し、管理者に対し中間報告・結果報告をしていますか	5 - 4 - 3 - 2 - 1
8．窓口業務は、5W2H（いつ、何を、どこで、誰が、なぜ、どのように、どのくらい）により、計画的に効率よく行っていますか	5 - 4 - 3 - 2 - 1
9．システム機能を理解し、事務処理の効率化を図るため、顧客にも自動集送金・ATM振込・JAネットバンク等の利用を積極的に勧めていますか	5 - 4 - 3 - 2 - 1
10．翌日の案件処理の確認等は、前日のうちに事前準備するよう取り組んでいますか	5 - 4 - 3 - 2 - 1
総　合　点　数	

資　　料

E．店内セールス

業　務　内　容	評　価
1．ＪＡの商品について熟知し、他行（銀行・郵便局等）の商品についても積極的に習得するように努めていますか	5－4－3－2－1
2．キャンペーン時（ボーナス、年金振込日等）・定積満期時や店舗の重点商品の話法を作成し、店舗内でロープレの実践をしたり、窓口セールスで活用していますか	5－4－3－2－1
3．ＪＡの取扱商品および重点商品のセールスシートを作成し、商品内容をわかりやすく説明しセールスしていますか	5－4－3－2－1
4．通帳を読み取り、常に残高がある人に定期化を勧めたり、口座振替を勧めたり、ローン商品のＰＲを行う等のアプローチをしていますか	5－4－3－2－1
5．ボーナス時・定積満期時等は、顧客別にライフプランに合わせた提案書を活用し、増額継続・定振・ローン商品ＰＲ等を心がけ、積極的にアプローチしていますか	5－4－3－2－1
6．定期貯金や定期積金の中途解約理由の聞き取りを行い、新たな提案をする等、中途解約防止を心がけていますか	5－4－3－2－1
7．定振の断り理由の聞き取りを行い、お客様に新たな提案をする等（ローン商品ＰＲ、総合口座定期のセット）定振率を心がけていますか	5－4－3－2－1
8．お客様との会話により、車の購入情報や車検情報、進学者情報など、ローン情報獲得に努め、ローン商品のＰＲをしていますか	5－4－3－2－1
9．来店客増大のために、店周セールス・店頭イベント等を企画・立案し計画的に行っていますか（お茶のサービス・写真展等）	5－4－3－2－1
10．窓口の状況を見ながら、積極的にロビーやＡＴＭコーナーに出てセールスするようにしていますか	5－4－3－2－1
総　合　点　数	

F．店周セールス

業　務　内　容	評　　価
1．窓口業務・事務の効率化を図り、店周セールスの時間の捻出を心がけていますか	5－4－3－2－1
2．店周取引先の取引状況を、世帯状況照会や窓口日誌等で把握していますか	5－4－3－2－1
3．店周セールスの担当地域や担当世帯を決めていますか	5－4－3－2－1
4．毎月、訪問計画を明確にし、世帯別に具体的な訪問目標を持って店周活動をしていますか	5－4－3－2－1
5．訪問予定先は、日報等に正確に記入（訪問先、訪問目的、提案内容、情報等）し、管理者に提出し検印を受けていますか	5－4－3－2－1
6．訪問前に持ち物のチェックをしていますか（デモブック・パンフレット・名刺・入力票・印鑑等）	5－4－3－2－1
7．定期的にロープレ等を行い、訪問技術や話法を磨いていますか	5－4－3－2－1
8．年金知識を習得し、年金相談会への来店を促す等、新規獲得のための店周活動を心がけていますか	5－4－3－2－1
9．年金受給者への定期訪問や定期積金を中心とした新規顧客づくりを心がけていますか	5－4－3－2－1
10．訪問先では顧客のさまざまな情報収集（家族状況、年金、退職金、車検情報等）を心がけていますか	5－4－3－2－1
総　合　点　数	

資　　料

渉外担当者チェックリスト

　　　　　　　　　　　　　　　　支店　　氏名

チェックリストにより、日常の渉外業務を下記の基準で採点してください。あまり深く考えないで、ありのままで答えてください。各項目A〜Fごとの合計点数によりグラフを完成させ、今後の改善目標の指標にしてください。

評価基準

5……完全に実施できている
4……かなり実施できている
3……ときどき実施できている
2……あまり実施できてない
1……まったく実施できてない

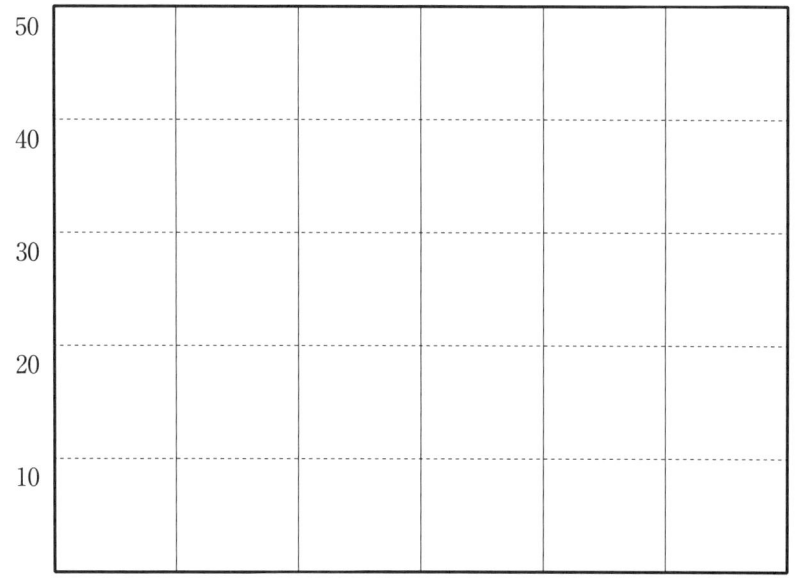

	レベルA	レベルB	レベルC	レベルD	レベルE	レベルF
50						
40						
30						
20						
10						

A．行動管理

業　務　内　容	評　　価
1．さわやかな身だしなみ（ヘアースタイルなど）を心がけていますか	5 － 4 － 3 － 2 － 1
2．会釈・敬礼・最敬礼のおじぎを使い分けることができますか	5 － 4 － 3 － 2 － 1
3．カバンの中は常に整理し、デモブック・パンフレット・伝票・名刺は、充分に補充していますか	5 － 4 － 3 － 2 － 1
4．職場内の礼儀・規律を重視していますか	5 － 4 － 3 － 2 － 1
5．月間行動計画は作成されていますか	5 － 4 － 3 － 2 － 1
6．訪問予定は前日に作成していますか	5 － 4 － 3 － 2 － 1
7．訪問準備は前日に実施していますか	5 － 4 － 3 － 2 － 1
8．日報は正確に記入できていますか	5 － 4 － 3 － 2 － 1
9．訪問順路は効率的に立てられていますか	5 － 4 － 3 － 2 － 1
10．つり銭等の現金管理は充分ですか	5 － 4 － 3 － 2 － 1
総　合　点　数	

B．目標管理

業　務　内　容	評　　価
1．日々の目標達成を心がけていますか	5 － 4 － 3 － 2 － 1
2．世帯別訪問目的は明確になっていますか	5 － 4 － 3 － 2 － 1
3．日々の行動基準は守られていますか	5 － 4 － 3 － 2 － 1
4．5W1Hにより具体的かつ積極的な目標・行動計画を立てていますか	5 － 4 － 3 － 2 － 1
5．中間報告を心がけていますか	5 － 4 － 3 － 2 － 1
6．常に成果の分析をし、改善点の発見に努めていますか	5 － 4 － 3 － 2 － 1
7．店舗内におけるコミュニケーションは充分ですか	5 － 4 － 3 － 2 － 1
8．定期貯金純増月間実績は基準以上ですか	5 － 4 － 3 － 2 － 1
9．定期積金純増月間実績は基準以上ですか	5 － 4 － 3 － 2 － 1
10．新規訪問件数は基準以上ですか	5 － 4 － 3 － 2 － 1
総　合　点　数	

C．商談技術

業　務　内　容	評　　価
1．デモブックを使用した商談を心がけていますか	5 - 4 - 3 - 2 - 1
2．標準話法・応酬話法の研究を心がけていますか	5 - 4 - 3 - 2 - 1
3．ロールプレイングによりクロージングテクニックを身につけていますか	5 - 4 - 3 - 2 - 1
4．商談はお客様の横に座ってアプローチをすることを心がけていますか	5 - 4 - 3 - 2 - 1
5．ＪＡの商品知識を身につけるための情報収集を行っていますか	5 - 4 - 3 - 2 - 1
6．商品内容は要約し、相手にわかりやすくポイントを説明することができていますか	5 - 4 - 3 - 2 - 1
7．他金融機関・他業態の商品知識の習得は充分ですか	5 - 4 - 3 - 2 - 1
8．不在者対策は充分に行われていますか	5 - 4 - 3 - 2 - 1
9．集金の効率化は心がけていますか	5 - 4 - 3 - 2 - 1
10．金融マンとしての自己啓発を心がけていますか	5 - 4 - 3 - 2 - 1
総　合　点　数	

D．満期管理

業　務　内　容	評　価
1．満期到来日の2か月前からアプローチをしていますか	5 － 4 － 3 － 2 － 1
2．定積は客別に継続目標と定振目標を設定していますか	5 － 4 － 3 － 2 － 1
3．定期貯金は満期到来時においてロット化を心がけていますか	5 － 4 － 3 － 2 － 1
4．定振強化のために提案書の活用は充分ですか	5 － 4 － 3 － 2 － 1
5．見込状況の把握・報告は正確に行われていますか	5 － 4 － 3 － 2 － 1
6．給振の満期管理は退職金を考えて早目のアプローチを心がけていますか	5 － 4 － 3 － 2 － 1
7．ＪＡ既存取引者の年金アプローチ、囲い込みは充分ですか	5 － 4 － 3 － 2 － 1
8．生活関連ローンの満期管理（償還管理）は強化されていますか	5 － 4 － 3 － 2 － 1
9．中途解約をフォローし、中解防止対策を立てていますか	5 － 4 － 3 － 2 － 1
10．他行満期管理・見込管理は強化されていますか	5 － 4 － 3 － 2 － 1
総　合　点　数	

E．顧客情報管理

業　務　内　容	評　価
1．担当地区内の町丁別取引件数シェア、先数シェアを把握していますか	5 － 4 － 3 － 2 － 1
2．担当地区内世帯の取引先カードは完備されていますか	5 － 4 － 3 － 2 － 1
3．家計メイン化基準により、世帯別メイン化目標を設定していますか	5 － 4 － 3 － 2 － 1
4．大口貯金者・Ａランク世帯は、必要に応じて管理者と同行訪問をしていますか	5 － 4 － 3 － 2 － 1
5．進学者情報収集目標と実績は常にチェックされていますか	5 － 4 － 3 － 2 － 1
6．就職者情報収集目標と実績は常にチェックされていますか	5 － 4 － 3 － 2 － 1
7．増改築情報の収集を強化していますか	5 － 4 － 3 － 2 － 1
8．車検情報は常に1000件以上保有していますか	5 － 4 － 3 － 2 － 1
9．退職者情報・年金情報の収集は充分ですか	5 － 4 － 3 － 2 － 1
10．日報は、顧客情報収集の報告書として活用・チェックしていますか	5 － 4 － 3 － 2 － 1
総　合　点　数	

F．ローンセールス・相談機能

業　務　内　容	評　　価
1．情報収集により積極的に優良顧客発掘に努めていますか	5 － 4 － 3 － 2 － 1
2．ローンセールス用のデモブックは作成され、活用されていますか	5 － 4 － 3 － 2 － 1
3．ローン申込手続は、熟知していますか	5 － 4 － 3 － 2 － 1
4．商品別徴求書類のチェックをすることができますか	5 － 4 － 3 － 2 － 1
5．審査能力の向上に努めていますか	5 － 4 － 3 － 2 － 1
6．ローン・貸出先の延滞管理、フォロー活動および延滞防止活動は徹底されていますか	5 － 4 － 3 － 2 － 1
7．相続税はじめ税務相談に応じられる能力開発に努めていますか	5 － 4 － 3 － 2 － 1
8．家計管理と財産管理により、資産運用のアドバイスをすることができますか	5 － 4 － 3 － 2 － 1
9．裁定請求書手続を含む年金相談機能を有していますか	5 － 4 － 3 － 2 － 1
10．顧客との相互信頼関係づくりを心がけ、見込客の紹介を得られていますか	5 － 4 － 3 － 2 － 1
総　合　点　数	

資　料

管理者自己チェックリスト

　管理者自己チェックリストにより、日常の管理業務を下記の基準で採点してください。

　あまり深く考えないで、ありのままで答えてください。各項目A〜Fごとの合計点数によりチャートを完成させ、今後の改善目標の指標にしてください。

評価基準

5……完全に実施できている
4……かなり実施できている
3……ときどき実施できている
2……あまり実施できてない
1……まったく実施できてない

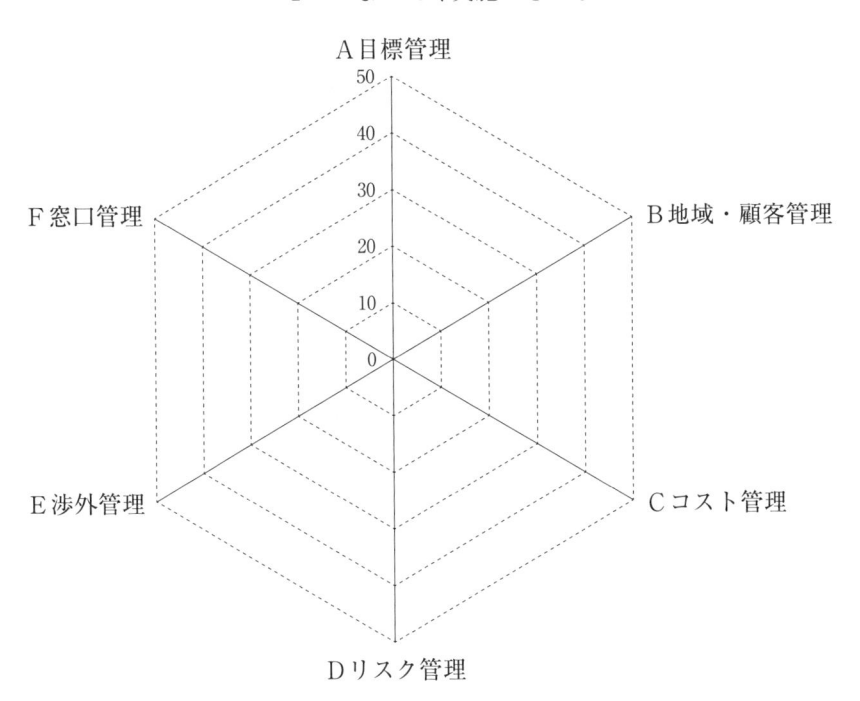

A 目標管理
B 地域・顧客管理
C コスト管理
D リスク管理
E 渉外管理
F 窓口管理

A．目標管理

業　務　内　容	評　　価
1．自店舗の基本方針や行動指針を明確にしていますか	5 − 4 − 3 − 2 − 1
2．店舗目標と連動した担当者別目標を設定していますか	5 − 4 − 3 − 2 − 1
3．担当者への期待基準を明らかにし動機づけ、励ましを行っていますか	5 − 4 − 3 − 2 − 1
4．月次純増目標・獲得目標を設定していますか	5 − 4 − 3 − 2 − 1
5．朝礼・終礼を目的を持って実施していますか	5 − 4 − 3 − 2 − 1
6．毎月中間報告を徹底させチェックをしていますか	5 − 4 − 3 − 2 − 1
7．翌月の見込状況の把握を徹底していますか	5 − 4 − 3 − 2 − 1
8．目標必達のためのアドバイスと達成意欲を高めていますか	5 − 4 − 3 − 2 − 1
9．月次検討会により目標を徹底していますか	5 − 4 − 3 − 2 − 1
10．成果の分析を行い、今後の対策を検討していますか	5 − 4 − 3 − 2 − 1
総　合　点　数	

B．目標管理

業　務　内　容	評　　価
1．地区内の取引件数シェア、先数シェアを常に把握していますか	5 − 4 − 3 − 2 − 1
2．地区別・資格別の取引実績を把握していますか	5 − 4 − 3 − 2 − 1
3．世帯状況表を活用し、メイン化ランクアップ目標を設定していますか	5 − 4 − 3 − 2 − 1
4．重点顧客の定期訪問は実行されていますか	5 − 4 − 3 − 2 − 1
5．定期・定積の満期管理は2か月前からアプローチしていますか	5 − 4 − 3 − 2 − 1
6．車検情報管理・完済管理は徹底されていますか	5 − 4 − 3 − 2 − 1
7．給振・ボーナス・退職者・年金の一元管理は徹底されていますか	5 − 4 − 3 − 2 − 1
8．進学者情報・就職者情報管理は徹底されていますか	5 − 4 − 3 − 2 − 1
9．ＪＡカード・機能性商品の目標管理は徹底されていますか	5 − 4 − 3 − 2 − 1
10．住宅情報管理は徹底されていますか	5 − 4 − 3 − 2 − 1
総　合　点　数	

C．コスト管理

業　務　内　容	評　価
1．オンライン・事務コストの管理をしていますか	5 － 4 － 3 － 2 － 1
2．未活性口座・睡眠口座の管理を行っていますか	5 － 4 － 3 － 2 － 1
3．残業（時間外労働）管理を徹底していますか	5 － 4 － 3 － 2 － 1
4．端末処理件数（日時別・個人別・店舗別）の平準化に努めていますか	5 － 4 － 3 － 2 － 1
5．時間コスト意識の定着（処理時間の効率化）に向けた取組みをしていますか	5 － 4 － 3 － 2 － 1
6．集金業務の低コスト化（単純集金の削減）の指導に努めていますか	5 － 4 － 3 － 2 － 1
7．事業管理費低減に努めていますか	5 － 4 － 3 － 2 － 1
8．総資産利ざや・貯貸利ざやの改善に努めていますか	5 － 4 － 3 － 2 － 1
9．コピー代・通信費・空調・光熱費の削減を徹底していますか	5 － 4 － 3 － 2 － 1
10．粗品・パンフなど推進コストの低減に努めていますか	5 － 4 － 3 － 2 － 1
総　合　点　数	

資　　料

D．リスク管理

業　務　内　容	評　価
1．管理者承認取引の突合チェック、検印を行っていますか	5－4－3－2－1
2．管理者カード、オペレーターカードは、使用者、保管者、保管場所を定め、厳正に管理していますか	5－4－3－2－1
3．公印は、使用方法が定められ、使用者、保管者、保管場所を定め、厳正に管理していますか	5－4－3－2－1
4．重要用紙の受払・保管方法、また重要オン帳票等個人情報保護法に適応した管理を徹底していますか	5－4－3－2－1
5．金庫開閉管理、店舗の施錠の管理、防犯機器の点検等の施錠管理の徹底をしていますか	5－4－3－2－1
6．ATMの現金管理（精査、装填等）は定められた方法により厳正に行っていますか	5－4－3－2－1
7．定期性貯金の解約対応を自らが的確に行っていますか	5－4－3－2－1
8．エラー率低減・訂正処理件数撲滅に努めていますか	5－4－3－2－1
9．貸出・ローンの延滞管理は徹底していますか	5－4－3－2－1
10．定積掛込遅延のチェックをしていますか	5－4－3－2－1
総　合　点　数	

E．渉外管理

業　務　内　容	評　　価
1．ビジネスマナーのチェックと指導をしていますか	5 － 4 － 3 － 2 － 1
2．翌日の訪問予定の作成とその準備を徹底させていますか	5 － 4 － 3 － 2 － 1
3．新規開拓を訪問計画に組み入れることを指示していますか	5 － 4 － 3 － 2 － 1
4．日報により情報収集の報告を徹底させていますか	5 － 4 － 3 － 2 － 1
5．ローンセールスの指導をしていますか	5 － 4 － 3 － 2 － 1
6．デモブック・手作りパンフ・提案書やセールスツールの作成活用を指導していますか	5 － 4 － 3 － 2 － 1
7．世帯別ランクアップ目標を管理していますか	5 － 4 － 3 － 2 － 1
8．集金活動や地区外取引の効率化指導をしていますか	5 － 4 － 3 － 2 － 1
9．ロールプレイングにより話法やクロージングの指導をしていますか	5 － 4 － 3 － 2 － 1
10．店舗目標・担当者別目標のグラフ化を徹底していますか	5 － 4 － 3 － 2 － 1
総　合　点　数	

F．窓口管理

業　務　内　容	評　　価
1．ビジネスマナー（挨拶、身だしなみ等）のチェック指導をしていますか	5 － 4 － 3 － 2 － 1
2．待ち時間短縮の工夫と事務改善指導をしていますか	5 － 4 － 3 － 2 － 1
3．訂正・エラー処理の原因を把握し対策を立てていますか	5 － 4 － 3 － 2 － 1
4．ロールプレイングによるカウンターセールス技術を指導していますか	5 － 4 － 3 － 2 － 1
5．大口入出金の聞き取りと対応策の検討指示をしていますか	5 － 4 － 3 － 2 － 1
6．窓口日誌の管理（記入状況、実績等）を行っていますか	5 － 4 － 3 － 2 － 1
7．情報収集・提供の指導をしていますか	5 － 4 － 3 － 2 － 1
8．店周活動により、年金受給者へのフォロー・アプローチを指示していますか	5 － 4 － 3 － 2 － 1
9．来店客増加対策の工夫をしていますか	5 － 4 － 3 － 2 － 1
10．ウィンドウ、ロビーディスプレイをチェック指導していますか	5 － 4 － 3 － 2 － 1
総　合　点　数	

資　料

■著者紹介■

村上 泰人（むらかみ やすと）
1944年生まれ。ブレーンバンク㈱代表取締役
経済法令研究会特別講師

主要著書
ＪＡ新時代の金融渉外（経済法令研究会）
ＪＡバンクの金融渉外（経済法令研究会）

研修実施テーマ
ＪＡ役員研修
店舗統廃合診断・指導
階層別研修・支店長研修ほか
ＪＡ農産物ブランド戦略実践指導など

ＪＡバンク管理者の心得　現場営業力強化をめざして

2013年8月25日　初版第1刷発行	著　者　村　上　泰　人
2017年5月15日　初版第2刷発行	発行者　金　子　幸　司
	発行所　㈱経済法令研究会
〈検印省略〉	〒162-8421　東京都新宿区市谷本村町3-21
	電話 代表03-3267-4811　制作03-3267-4823

営業所／東京03(3267)4812　大阪06(6261)2911　名古屋052(332)3511　福岡092(411)0805

カバーデザイン／清水裕久　制作／地切 修　印刷／日本ハイコム㈱

ⒸYasuto Murakami 2013　Printed in Japan　　　　　　ISBN978-4-7668-3256-3

> "経済法令研究会グループメールマガジン"配信ご登録のお勧め
> 当社グループが取り扱う書籍、通信講座、セミナー、検定試験情報等、皆様にお役立ていただける情報をお届け致します。下記ホームページのトップ画面からご登録いただけます。
> ☆　経済法令研究会　　http://www.khk.co.jp/　☆

定価はカバーに表示してあります。無断複製・転用等を禁じます。落丁・乱丁本はお取替えします。